南 宁 市
海绵城市建设实践

《南宁市海绵城市建设实践》编委会 编

广西科学技术出版社

图书在版编目（CIP）数据

南宁市海绵城市建设实践/《南宁市海绵城市建设
实践》编委会编 .—南宁：广西科学技术出版社，
2021.10

ISBN 978-7-5551-1691-2

Ⅰ . ①南… Ⅱ . ①南… Ⅲ . ①城市建设—研究—南宁
Ⅳ . ① TU984.267.1

中国版本图书馆 CIP 数据核字（2021）第 194732 号

NANNING SHI HAIMIAN CHENGSHI JIANSHE SHIJIAN

南宁市海绵城市建设实践

《南宁市海绵城市建设实践》编委会　编

策　　划：王　青　方振发　　　　　　责任编辑：程　思　苏深灿
责任校对：梁诗雨　　　　　　　　　　　责任印制：韦文印
装帧设计：韦娇林　唐春意

出 版 人：卢培钊　　　　　　　　　　　出版发行：广西科学技术出版社
社　　址：广西南宁市东葛路 66 号　　　邮政编码：530023
网　　址：http://www.gxkjs.com
印　　刷：广西昭泰子隆彩印有限责任公司
地　　址：南宁市友爱南路 39 号　　　　邮政编码：530001
开　　本：889 mm×1240 mm　　1/16
字　　数：200 千字　　　　　　　　　　印　　张：11.25
版　　次：2021 年 10 月第 1 版　　　　　印　　次：2021 年 10 月第 1 次印刷
书　　号：ISBN 978-7-5551-1691-2
定　　价：168.00 元

编 委 会

践行绿色发展理念　书写治水为民篇章

（代序）

　　党的十九大报告指出："我们要建设的现代化是人与自然和谐共生的现代化，既要创造更多物质财富和精神财富以满足人民日益增长的美好生活需要，也要提供更多优质生态产品以满足人民日益增长的优美生态环境需要。"

　　一帆饱览百里邕江、一城诠释"呼吸吐纳"、一河折射美丽中国——南宁市以习近平新时代中国特色社会主义思想为指引，秉承"绿水青山就是金山银山"的理念，以"治水、建城、为民"为城市工作主线，推动海绵城市建设试点工作。2017年4月20日，习近平总书记来到南宁市那考河生态综合整治项目的现场，实地察看了那考河的整治效果，对该项目恢复生态、改善周边环境的成效给予了高度的评价。以那考河（植物园段）片区为代表的一批海绵城市建设项目被作为国家海绵城市建设典型案例向全国推广，那考河项目荣获"中国人居环境范例奖"。那考河华丽蜕变成为流域治理可复制、可推广的"南宁经验"，邕江两岸风光旖旎，壮乡首府更加美丽宜居。

　　南宁市是广西壮族自治区首府，地处华南经济圈、西南经济圈和中国－东盟经济圈的结合部，是连接东南沿海与西南内陆的重要枢纽城市、北部湾经济区核心城市、"一带一路"的重要门户枢纽城市。南宁也称"邕城"，依邕江而建，因水得名，因水而兴，地处南亚热带，气候温暖湿润，植物种类丰富，全市森林覆盖率为48.75%，"草经冬而不枯，花非春仍常放"，享有"中国绿城"的美誉。

　　近年来，南宁市以建设"中国面向东盟开放合作的区域性国际城市、宜居的壮乡首府和具有亚热带风情的生态园林城市"为抓手，不断加强生态文明建设，形成以青秀山为中心、以邕江两岸为轴，内河水系和公园绿地相映成趣的生态系统，先后获得"中国人居环境奖""联合国人居奖""国家节水型城市""全国绿化模范城市""全国生态环境建设十佳城市""2017美丽山水城市"等城市环境建设领域多项国际和国家级殊荣。

生态优势突出的南宁市城市建设演绎着令人瞩目的巨变，这和我们从以下五个方面打造宜居南宁是分不开的。

一是聚焦生态保护，着力打造绿色之城。我们坚持按"300米见绿，500米见园"的要求，大力实施公园绿地建设，推动城市园林绿化向美化、彩化、多样化、特色化与精细化等方向发展，强化保护管理，不断提升生态环境品质。2017年，南宁市绿地率达45%，公园绿地服务500 m半径覆盖率达90.07%，公共设施绿地达标率达95.74%，林荫停车场推广率达70.57%，实现城市绿化整体水平提档升级。

二是聚神生态修复，着力打造美丽之城。我们以石漠化治理为重点，加强山体、湿地、森林、绿地的修复保护，强化大气、土壤等污染防治，如马山县"弄拉模式"。我们重点推进母亲河——邕江两岸综合整治和开发利用，大力实施18条内河综合整治工程和水系生态环境的修复与保护，建成了民歌湖、相思湖、青秀湖、邕江滨水公园等一批河湖公园，"水畅、湖清、岸绿、景美"的现代亲水城市粗具雏形，邕江地表水源水质达标率继续保持在100%。2013年，我们启动截污治污三年（2013—2015年）行动计划，截至2017年9月底，市区污水管网整治累计完成320 km；市本级污水处理率保持在96%左右，市辖县污水处理率在75%以上。

三是聚力功能提升，着力打造宜居之城。我们深入实施"以邕江为轴线，西建东扩，完善江北，提升江南，重点向南"的城市发展战略，并根据《国务院关于加强城市基础设施建设的意见》（国发〔2013〕36号）的要求，不断完善供电、通信、照明、给排水、综合管廊、路、桥、轨道交通等城市基础配套设施建设。罗文大桥、平象立交等十几座跨江桥梁和城市立交建成通车，吴圩国际机场新航站楼建成启用，轨道交通1号、2号、3号线顺利通车，火车东站片区路网、东西向快速路、机场第二高速公路等一批城市道路项目已粗具雏形，城市承载功能显著增强。

四是聚智科技创新，着力打造低碳之城。我们依靠科技创新，坚决淘汰落后产能，积极推进造纸、淀粉、酒精等传统企业转型升级，大力发展循环经济，做好电子信息、现代装备制造、生物医药、铝深加工、清洁能源等战略性新兴产业发展文章；加强对工业、建筑、交通、公共机构、商业、民用等各个领域用能的监督管理，积极推广应用节能新产品、新技术；倡导"绿色出行，低碳环保"出行方式，实施绿道建设，积极发展轨道交通、公共租赁自行车等城市公共交通，全力推进节能减排。我们已成功申报国家节能减排财政政策综合示范城市。近年来，南宁市全年环境空气质量（AQI指数）优良率保持在80%以上。

五是聚谋综合管理，着力打造和谐之城。我们在2007年建成数字化城市综合管理与指挥系统的基础上，建成南宁市应急指挥中心，实现了城市管理从"小城管"向数字化"大城管"转变。我们以"村屯绿化""饮水净化""道路硬化"三个专项活动为重点,深入开展"美丽南宁·生态乡村"活动。

当前,南宁市正处于经济快速发展和城镇化建设的关键时期,可是,和很多南方多雨城市一样,我们也受到城市内涝、内河污染等问题的困扰。由于缺乏系统的理念,在城市水环境治理工作中,我们也走了很多弯路。2013年,中央城镇化工作会议提出,要建设"自然积存、自然渗透、自然净化"的海绵城市。这对于南宁乃至广西都是一次重大的历史机遇。

一是对国家实施面向东盟开放战略具有促进作用。习近平总书记提出,广西要面向东盟,建成"一带一路"有机衔接的重要门户。南宁市作为广西首府,是面向东盟开放合作的前沿和窗口,开展海绵城市建设试点工作,既可面向东盟国家充分展示现代化建设的中国成就,也可体现生态文明建设领域的中国智慧,为东盟国家城市建设提供借鉴。

二是对南方地区城市建设具有较强示范效应。南宁市地处珠江上游,建设海绵城市有利于加强珠江流域生态环境保护,打造生态安全屏障和千里绿色生态走廊。同时,南宁地处典型的亚热带季风气候区,降水充沛,雨水资源开发潜力巨大。在南宁开展海绵城市建设试点,有利于总结和推广我国南方地区城市"雨洪管理"经验。

三是对民族地区等同类区域具有较强的借鉴意义。南宁市是我国少数民族人口最多的自治区首府,也是边境地区、革命老区,南宁市海绵城市试点的成功经验,不仅对广西各城市产生示范效应,还为其他边境地区、民族地区城市提供借鉴,意义重大。

四是满足人民日益增长的优美环境的需要。我们要建设的现代化是人与自然和谐共生的现代化。党的十九大报告重申了十八大确定的节约优先、保护优先、自然恢复为主的方针,这一方针不仅要贯彻到生态文明建设中,更要贯彻到"五位一体"的总体布局中,体现到"四个全面"战略布局中。形成节约资源和保护环境的空间格局、产业结构、生产方式、生活方式,是建设美丽中国的具体路径。我们迫切希望通过南宁市海绵城市建设试点,着力破解制约城市发展的水安全、水生态、水环境问题。

2015年4月,南宁以竞争性答辩第一名的成绩跻身全国首批海绵城市建设试点,在生态文明建设的道路上又有了更高的新起点。生态文明建设是拥有强大生命力的系统工程,贵在创新,重在实干。面对新的城市发展理念,"为什么要干"我们已经明白了,"要干什么"也懂了,接下来"怎么干",而且要在有限的时间和有限的预算内达到预期的效果,对我们来说是新的挑战。从理论到实践,再由实践完善理论的这个过程中,我们发现很多老的办法、机制已经行不通了。面对如此瓶颈,我们只能破釜沉舟、背水一战,爬过这座山、迈过这道坎,前面就是一片坦途。因此,不仅是理念、技术、规划要创新,决策方式、体制机制、建设模式也要跟着创新。创新体制机制的关键就是要建立绿色发展新体制、新机制,探索新的政策办法、制度,多专业融合、多部门协同作战，不能"各扫门前雪"，职责明确又相互协助。制度的制定要讲究长效机制和督查机制，要动真格，讲实效，既要有"糖"，也要有"鞭子"。创新模式，探索符合南宁实际的 PPP 模式（政府和社会资本合作模式），破解"九龙治水"的尴尬，让专业人干专业事，政府只做裁判员，对资本方实行按效付费，盈利而不暴利。鼓励和引导企业技术创新、改进工艺、节能节材，降低成本。

自开展海绵城市建设以来，南宁市遵循自然规律和城市发展规律，顺应人民群众新期待，全面贯彻落实习近平总书记"节水优先、空间均衡、系统治理、两手发力"的治水思路，围绕南宁市第十二次党代会确定的"治水、建城、为民"城市工作主线，立足本底，因地制宜，高位谋划，全面统筹，创新机制，朝着建成"小雨不积水、大雨不内涝、水体不黑臭、热岛有缓解"的海绵城市这一目标努力迈进。经过不断探寻海绵城市建设内涵、摸索海绵城市建设途径，通过创新规划方法、决策机制、技术体系、工作机制及投融资机制，建成了一大批百姓拍手称赞的惠民项目，100 多个小区、学校、办公区旧貌换新颜；解决试点区 26 处易涝点的内涝积水问题。我们用源头减排、过程控制和系统治理的思路，拿出了破釜沉舟的决心，花大力气排查、整治海绵城市试点区内的污水管网错接漏接 429 处；把竹排江的水放干，暴露排口和问题，同时"既要面子也要里子"，对竹排江的（茅桥湖至竹排江入邕江水口）

整治以管网改造、清淤及修复为核心，以两岸截污治污为关键点，实现直排污染减量化，重点对七一总渠、凤岭冲沟、民族大道沿线、民歌湖 P2 等大排口和茅桥湖片区实施整治，通过对排口上游实施雨污分流、管道错接漏接整治，提高污水厂进水浓度，再对管网进行清淤等方式，减少进入竹排江的污水量。经过整治，竹排江的水质已经明显改善。

2019 年 4 月，南宁市以优异的成绩通过了国家海绵城市试点建设的考核。海绵城市试点三年，我们积累了经验，总结了教训，绘就了蓝图，但实践中，微观层面上的景观技术仍需追赶，基础设施上仍然存在很多"欠账"，海绵城市建设面临诸多挑战。生态文明建设功在当代，利在千秋。海绵城市这一理念应该一直贯彻下去，科学的、人民需要的、符合实际的，我们就一茬接着一茬干，一步一个脚印走，坚定不移地走下去。

以治水优生态，以建城促宜居，以为民为依归。南宁将继续秉承"绿水青山就是金山银山"的理念，以"治水、建城、为民"的宗旨，让海绵城市建设提升人居环境，守护绿水青山，使南宁青山常在、清水长流、空气常新，让良好生态环境成为人民生活质量的增长点、成为展现南宁市美丽形象的发力点，为生态文明建设书写历史新篇章。

不出城享生态之美，居闹市乐花香之怡。环境的升级，正在发生；城市的蝶变，已然绽放，"碧波映城，城托青山，人在城中，城在画中"的如诗画卷正徐徐展开……

前　言

作为城市的建设者和管理者，我们一直在思考如何开展生态城市的建设。2015 年，南宁市被确定为国家第一批海绵城市建设试点城市，迎来了前所未有的契机。南宁市从建立完善的城市水循环系统的角度出发，首次从城市尺度、流域尺度考虑水安全、水生态、水资源、水环境、水文化的统一。海绵城市试点的建设是南宁市城市建设的一座重要里程碑。

《南宁市海绵城市建设实践》总结了南宁市开展海绵城市建设的工作经验和典型案例。希望本书对树立和践行十九大关于"绿水青山就是金山银山"的理念，落实南宁市确定的"治水、建城、为民"城市工作任务，能够起到积极的促进作用。同时，也希望本书能给全国各地海绵城市建设提供借鉴。

编纂过程中难免出现错误，敬请读者不吝赐教。

编委会

2021 年 5 月于南宁

目录

A

経验篇

决策机制创新

南宁市充分发挥海绵城市与水城建设工作领导小组办公室（以下简称"南宁市海绵水城办"）平台作用，创新决策机制，积极开展建言献策、决策咨询和模型监测等工作，取得了明显成效。

1 以民为本是民主决策的基础

习近平总书记强调："人民是我们力量的源泉。只要与人民同甘共苦，与人民团结奋斗，就没有克服不了的困难，就没有完成不了的任务。"南宁市坚持以人为本，以人民群众对美好生活的向往为出发点，问需于民，问计于民，问效于民，通过各种方式直接听取老百姓的建议和意见，使海绵城市建设更加暖人心、合民意、有效果。

1.1 问需于民

在既有的小区改造中，依靠城区政府的力量，联合社区、居委会和项目设计施工团队的力量，通过走访、现场调研和现场答疑等方式，了解小区居民生活中最关注的问题，以问题为导向，全力推动既有小区升级改造，真正解决小区居民的诉求，改善小区的整体环境，提升小区品质。坚持"不为了海绵而海绵"，对南湖公园等深受市民喜爱且人流量大的公园，在改造前通过向市民发放大量调查问卷，了解公园内需要解决的问题，摸清底细，有针对性地提出决策方案。

1.2 问计于民

在进行小区海绵化改造时，眼睛往下看、步子往下迈、身子往下沉，拜访小区物业和后勤负责人员，了解小区排水管道等基础情况并听取改造建议，向群众问计，努力把来自群众的"锦囊妙计"集中起来，再落实下去，让群众的智慧在海绵城市建设中生根发芽、开花结果，从而实现海绵城市建设功能性与美观性的高度统一，做到政府、百姓都满意。

1.3 问效于民

项目业主与群众建立沟通渠道，充分发挥人民群众的积极性，充分尊重市民享有的监督权，及时收集群众反映的海绵城市建设中的问题，并及时提出处理办法加以解决，这一做法赢得了群众的赞许。经过多次的交流和沟通，广大市民从听、看、谈海绵城市到接受、支持、参与海绵城市建设中，最终形成了全民参与到海绵城市建设的良好氛围。

"问需于民、问计于民、问效于民"的工作理念，为其他海绵化改造项目提供了可借鉴的成功经验。

2 多部门联动是高效决策的保障

南宁市海绵水城办主要负责统筹安排、指导督促、协调解决、推进海绵城市建设和黑臭水体整治等有关工作。当项目业主及其主管部门遇到难以协调解决的问题，则通过南宁市海绵水城办的每周例会、现场指导等方式，利用协调平台，组织发改、规划、住建、城管和园林等多部门召开会议，联合决策，为有序高效推进南宁市海绵试点城市建设提供了有力的组织保障。当遇到南宁市海绵水城办不能解决的问题时，则上报南宁市分管市领导，由其组织会议研究决策；当遇到南宁市分管市领导不能拍板解决的事项时，则上报南宁市政府，由其组织市长办公会议研究决策。

2.1 决策准备阶段

①调查研究。决策前，由相关科室深入开展调查研究，走访项目现场，全面、准确地掌握决策所需的有关情况。

②提出方案。在调查研究的基础上，对决策事项进行综合论证，并提出一个或多个决策方案。

③听取意见。对方案涉及全市其他工作的事项，应充分征求相关部门的意见；对涉及基层单位和企业的事项，要广泛听取基层单位和企业的意见；对一些专业性、技术性较强的决策事项，必须组织有关专家论证。

④法律审查。依法论证涉法事项，主要审查各项决策是否与法律、法规相抵触，是否与现行政策规定相违背，以及是否存在其他不适当的问题。法律审查通过后方可提交决策。

2.2 决策阶段

①确定议题。组织相关科室提前向项目业主收集议题。

②准备材料。组织相关科室提前准备会议所需的佐证文件和决策方案等资料。

③酝酿意见。提前通知与会人员会议召开的时间、议题。必要的会议材料于会前送达，让与会人员熟悉材料，酝酿意见，做好发言准备。

④充分讨论。议题由项目业主或有关科室负责人做简要说明，与会人员应就议题充分讨论

并发表明确的意见。会议实行逐项表决制度。

⑤做出决定。主持人根据会议讨论、表决情况，对决议的决策事项做出通过、不予通过、修改或者再次决议的决定。

⑥形成纪要。会议纪要三天内发至相关部门，南宁市海绵水城办对纪要落实情况进行跟踪。

3 专家咨询是科学决策的前提

3.1 成立全国首个海绵城市建设院士工作站

成立国内第一个海绵城市建设领域的院士专家工作站。工作站以着力打造"中国南方区域海绵城市的技术创新源和技术转移中心"为目标，为广西海绵城市建设提供高端决策咨询、引进先进技术及培养技术人才。

（1）传授海绵城市建设的先进理念。

2017年7月，任南琪院士在南宁市做题为《海绵城市建设——城市水系统4.0》的报告，为全区勘察设计代表及科技工作者传授海绵城市建设的先进理念。报告以环境体系建设中的"绿色系统"和"灰色系统"为基础，首次提出可持续生态净化系统的城市水循环4.0理论（图1），为未来海绵城市水系统的研发与建设提出了方向，并提供了重要的理论指导。

（2）开展全方位的高端决策咨询，提供方向性科学决策。

2017年7月，任南琪院士与南宁市海绵水

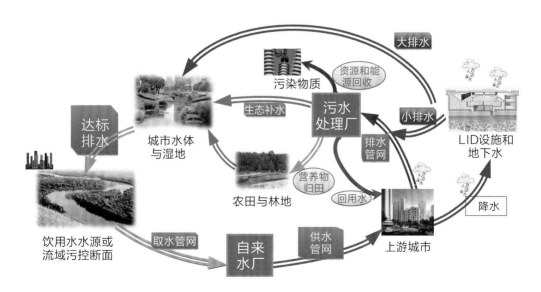

图1 海绵城市——城市水循环4.0版

城办等多个相关部门在南宁市政府开展了海绵城市建设工作座谈会，围绕当前南宁市海绵城市建设试点工作中遇到的管理机制、技术体系及投融资和建设模式等关键问题进行了深入的沟通交流，对南宁市未来海绵城市的建设方向提出了具有指导性意义的建议。

（3）助力完善广西海绵城市建设顶层设计和技术标准体系。

院士专家工作站利用自身平台优势开展海绵城市建设的全方位顶层设计咨询研究。在开展海绵城市相关课题研究的同时，积极对接广西海绵城市建设相关标准和技术体系的建设。工作站主编了全国第一部海绵城市地方规范及一系列海绵城市建设急需的地方标准和技术指南等，涉及了设计—施工—运营等项目建设全过程，具备构建海绵城市建设技术标准体系的优势。通过以上海绵城市建设领域各专业化的高端咨询，构建完善的技术标准体系，助力地方政府从顶层设计的角度推进海绵城市建设（表1、图2）。

（4）积极推动南宁市海绵城市试点城市的监测与评估工作的开展。

2017年11月，住房和城乡建设部办公厅发布了《关于做好第一批国家海绵城市建设试点终期考核验收自评估的通知》，制定了《国家海绵城市建设试点绩效考核指标》《国家海绵城市建设试点绩效考核指标评分细则》《海绵城市建设典型设施设计参数与监测效果要求》和《试点城市模型应用要求》。参照《试点城市模型应用要求》，住房和城乡建设部建议选取适宜的模型、运用有关指标对试点区域能否实现"小雨不积水、大雨不内涝"的目标进行评估，并将相关模型建立和应用报告、运行维护中的模型应用方案、示范片区效果评估的基础支撑材料（附电子版）等作为自评估报告的附件。

为做好南宁市海绵试点城市的终期考核验收工作，以院士专家工作站为平台，华蓝设计（集团）有限公司联合哈尔滨工业大学、北京清控人居环境研究院有限公司及德国汉诺威水有限公司等单位联合开展了"南宁市海绵城市示范区第三方监测及效果评估服务"工作。

表1　海绵城市相关的技术标准与图集

序号	名称	类别
1	《海绵城市工程设计图集——低影响开发雨水控制及利用》	图书
2	《海绵城市工程实用手册——低影响开发雨水控制及利用》	图书
3	《建筑与小区低影响开发雨水控制与利用》	中南标
4	《城市道路低影响开发雨水技术设施》	中南标
5	《广西低影响开发雨水控制与利用工程标准图集》	广西地标
6	《低影响开发雨水控制与利用工程设计规范》	广西地标
7	《海绵城市建设技术指南——建筑与小区雨水控制利用技术》	广西地标
8	《南宁市低影响开发雨水控制与利用工程施工、竣工验收及效果评估技术指南（试行）》	南宁地标
9	《南宁市低影响开发雨水控制及利用工程设施运行维护技术（试行）》	南宁地标
10	《广西南宁五象新区城市道路市政设施建设标准》	南宁地标

3.2　项目前期各阶段开展专家咨询

在项目可行性研究报告、方案筛选、初步设计和施工图设计等阶段，由负责审批的行政主管部门在专家库中挑选给排水、水利和园林等行业的专家3～5名，对海绵城市建设的各项目进行审核把关。同时，南宁市海绵水城办作为技术把关及统筹协调机构，参加项目各阶段的评审会，对径流总量控制率及污染物去除率等刚性指标进行核算把控。在项目验收阶段，通过预验收环节把控海绵城市建设的质量，提出整改意见并跟进整改。

为更好地开展海绵城市建设工作，对南宁市常用的、适于本地生长的绿化植物进行筛选整理，除了选择100余种植物进行耐水性试验，还结合了专家问卷调查的方法，凭借专家多年经验，筛选出适用于南宁市海绵城市建设的植物160余种，并整理编制出推荐目录，为南宁市海绵城市建设景观的打造提供了技术支撑。

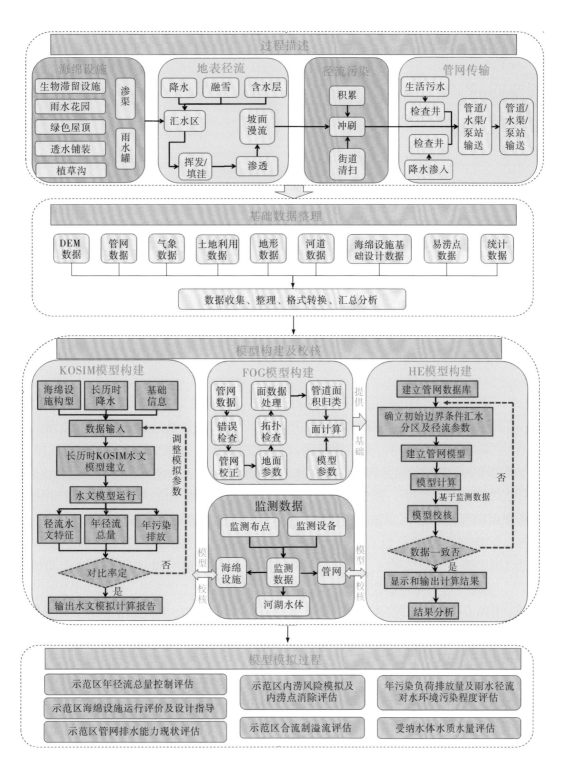

图2 海绵城市海绵设施及管网模型的构建与模拟过程

3.3 委托技术咨询机构指导海绵城市建设

2016年，南宁市通过公开招投标委托了中国建筑设计研究院及华蓝设计（集团）有限公司联合体作为南宁市海绵城市建设的技术咨询机构，为海绵城市试点建设提供全程咨询，保证高质量、高水平、高速度地建设南宁市海绵城市。

4 模型监测是科学决策的依据

海绵城市建设是一项涉及多领域、多专业、多部门、全方位的复杂工作。南宁市尊重客观规律，运用科学方法，做到现实性和前瞻性相结合，对海绵城市建设全过程信息进行有效记录，进一

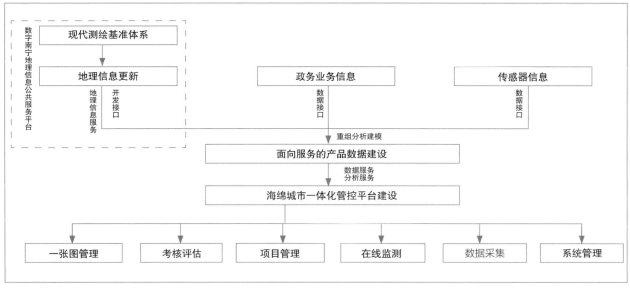

图3　海绵城市——城市管控平台

步实施全生命周期的管控，并为项目的决策、建设、运行、监测和评估提供数据集成载体。南宁市采用地理信息系统（GIS）技术、信息化手段，建立了结合模型评估和监测等整合其他智慧平台（包括黑臭水体在线检测服务、南宁市区防涝预警监控信息系统和南宁市海绵城市气象监测服务系统等）的信息化管控平台（图3），全面提升了海绵城市建设管理水平。

（1）"一张图"可视化全景管控。

将海绵城市建设的各类专题、各部门专题、各类统计数表及模型评估计算结果进行空间可视化展示，用户可以通过这个模块对各监测站点的分布情况、运行情况及监测内容等信息进行查询和浏览，为各城建项目的建设阶段性成效的判断决策提供直观的图片、数据、表格依据。

（2）监测数据实时采集。

通过与各类监测设备直连或接口读取两种方式，对南宁市海绵城市建设试点区域内液位计、流量计和监控摄像头等设备的监测数据进行采集与存储。这些数据将作为海绵城市项目建设成效判定的数据基础和决策依据。

（3）实现海绵城市后期评估。

在平台建设管理方面，结合海绵城市模型后期评估和监测结果，将海绵模型嵌入平台中。在日常工作中，利用模型的强大功能对海绵城市建设项目方案进行优化、对海绵城市典型设施进行后期运行评估，以及对管网建设进行模拟评估，并通过数据模型系统对监测数据进行分析和计算后返回评估结果，为海绵城市下一步建设提供决策参考。

技术体系创新

南宁市海绵城市建设的技术体系涵盖规划设计、施工建设、验收评估和运营维护四个方面，因而其技术创新是整个体系的创新。

1 更新理念，创建全覆盖的技术规范及标准体系

南宁市在总结以往城市污水排放、雨水处理等相关工作标准的基础上，参考国内外海绵城市建设的相关标准，以全新的设计理念及前瞻性的研究，提出适宜性的标准，搭建海绵城市标准体系框架，编制海绵城市标准明细表，构建从规划、设计、施工、验收评估到后期运行维护等全过程的、系统科学的技术支撑体系，形成南宁特色的海绵城市标准体系。

南宁市先后出台了《南宁市海绵城市规划设计标准研究》《南宁市海绵城市规划设计导则》《南宁市低影响开发雨水控制及利用工程设计规范（试行）》《南宁市低影响开发雨水控制及利用工程设计标准图集》《南宁市低影响开发雨水控制与利用工程施工、竣工验收及效果评估技术指南（试行）》《南宁市低影响开发雨水设施运行维护技术指南（试行）》《广西南宁五象新区城市道路市政设施建设标准（一）》《南宁市海绵城市建设植物推荐目录》。同时，对原有的《南宁市绿地系统专项规划》《南宁市城市污水专项规划》《南宁市"中国水城"建设规划》《南宁市城市排水（雨水）防涝综合规划》等 10 多个专项规划进行修编或增补细化海绵城市建设相关内容。

其中，《南宁市海绵城市规划设计标准研究》和《南宁市海绵城市规划设计导则》于 2015 年开展编制，这在全国范围内尚属首例，确定了海绵城市建设的目标和各项指标，为规划设计"渗、滞、蓄、净、用、排"等工程设施提供了因地制宜的技术指导，这一权威性的技术指导保证了各规划设计单位及建设单位顺利进行工程方案设计和项目的成功实施。《南宁市低影响开发雨水设施运行维护技术指南（试行）》的编制，改变了"重建设、轻维护"的传统思维模式，为海绵设施后期维护工作提供了指引和规范。该指南确立了运行维护的基本原则，明确了责任主体，提出了设施维护、更新、改造的内容、要求和方法，确保了各类设施能够按照设计要求在降水时发挥作用，以实现低影响开发雨水设施的科学管理、规范作业、安全运行。《南宁市低影响开发雨水控制及利用工程设计规范（试行）》《南宁市低影响开发雨水控制及利用工程设计标准图集》已上升为广西标准，实现了技术标准的可推广、可复制和南宁市海绵城市标准化模式的输出，从而更好地指导广西未来海绵城市的建设工作。

2 积极探索，大胆尝试新模式、新技术

在海绵城市建设实践中，南宁在海绵城市具体技术的应用方面积累了诸多宝贵经验，同时结合监测数据及模型模拟的结果，对海绵理念、具体技术不断进行更新升级。

2.1 水岸同治的全流域治理模式

在竹排江流域治理中，除采用传统的河道治理、两岸截污和河道景观改善等工程手段外，增加了污水处理厂尾水补充河道生态用水、河道水生态修复工程、河岸海绵措施和信息化监控工程等新内容，解决了分段治理模式不能彻

底解决的水质改善（达到地表水IV类水质标准）、生态河道的补水及中水回用、初期雨水的拦截处理及利用、河道的长效管理（在线监控）等问题，实现了竹排江全流域水生态、水循环、水景观和水安全的有机统一。

2.2 黑臭水体与小型浅水湖泊生物／生态强化技术

在药用植物园水体的治理中，针对黑臭水体及底泥污染物特征，采用了蜂巢生态护坡技术、植物耦合强化型生物阴极技术，通过优选植物类型、优化植物耦合模式及生物阴极填料等构建方法，集成生物电化学系统原理与蜂巢生态护坡构建技术，创新性地构建了集生物电化学修复、植物强化修复和生态巢堤修复于一体的生物强化型生态巢堤。

2.3 基于客水消纳的公园海绵技术

城市公园是城市中难能可贵的海绵体。综合利用"渗、滞、蓄、净、用、排"等海绵措施，把周边的客水引至公园内绿地进行消纳，充分发挥公园绿地、道路、水体等空间对雨水的吸纳、渗蓄和缓释作用，有效控制径流污染和削减峰值径流量，同时也改善了公园内的水环境质量。该技术应用于石门森林公园海绵化改造工程、五象山庄酒店周边海绵城市建设、青秀湖公园东段工程、青秀山兰园景观二期工程、滨湖广场提升改造工程和体育休闲公园基础设施完善等工程，应用效果良好，既解决了周边雨水消纳的问题，又提升了公园的景观品质。

2.4 净水梯田技术

净水梯田技术可因地制宜地处理河道沿岸的坡地高差，利用重力流实现水的梯级净化，采用弃流／配水渠措施应对梯田下部填料堵塞的风险。该技术将旱流污水及一定截流倍数的雨水弃流至截污管；经过初步净化后，相对洁净的雨水沿各配水孔进入梯田；当暴雨强度较大、径流量超出梯田处理能力时，弃流／配水渠内水位上涨，雨水自溢流台阶溢流入河。该技术应用在那考河河道治理项目中，取得了良好效果。

2.5 初期雨水截污篮多级净化装置技术

初期雨水截污篮多级净化装置是利用篮筐内的不同粒径级别的卵石对道路、屋面等的雨水中掺杂的大量泥沙、污物进行初步拦截，起到分离杂物、沉淀泥沙的作用。大颗粒的杂质经过石料过滤后直接被拦截，拦截过后的雨水进入海绵设施。该技术应用于南宁市政协办公区海绵化提升工程、玉洞大道扩宽工程，经过实践的考验证明效果良好，一方面初期雨水截污的效果显著，另一方面对路面断接的绿化保护防冲刷作用也非常明显。

2.6 轻质种植盒解决既有屋顶绿化改造难题

轻质种植盒技术解决了既有屋顶绿化难题。通过该技术将植被（如伏甲草）种植在浅薄轻质土壤基质中，将土壤基质填充在底部具有防渗膜的特制的种植盒中。施工时无须破除原有屋顶的相关面层，直接在既有屋顶上敷设种植盒即可，因种植盒底部有防水防渗功能，植物的根系和多余水分也不会对原有屋顶造成不利影响。该技术应用于南宁市政协办公区海绵化提升工程屋顶绿化、南宁国际会展中心改扩建海绵化提升工程和南宁市第三中学海绵提升工程等，使用效果良好。

此外，还有透水沥青与海绵设施多元化技术、大坡度市政道路快排与海绵融合技术、小区管网截流分流技术等，均创造性地解决了海绵城市建设实践中遇到的具体技术难题，让其海绵功能得以充分发挥。

3 融入本土元素，打造人文艺术型海绵设施

在南宁市海绵城市景观设计中，融入人文、艺术元素，打造人文艺术型海绵设施。例如，那考河项目景观设计兼顾文化、时尚和自然等多种元素，在控制水流、协调自然的情况下充分考虑满足市民的休闲娱乐需求，通过特色山水林园设计展现本土风貌和生活气息。

3.1 注重景观格局的自然和完整

在景观规划设计中，注重自然生境的保护与修复，注重保护与建立生物多样性，注重能源

与材料的回收与再利用，减少人工干预，合理利用阳光、风、雨水和乡土植物等自然资源，适地适景进行植物群落的构建与种植，营造自然生态的景观格局。在城市层面上，将景观建设与城市规划有机结合，确保各景观区域之间的联系性与整体性，构建完整有序、科学合理的城市景观体系；在项目层面上，对景观区的水环境进行整体规划布局，以构建水系贯通、雨水收集利用体系完整的水安全格局，结合场地地形、植物等其他要素进行景观营造、活动布置，打造各具特色但又统一和谐的景观格局。

3.2 注重功能性与安全性

关注人们的活动需求和情感需求，充分考虑人们的习俗、情趣和生活特点，根据场地条件进行景观功能分区，布置内容丰富、形式多样的活动场地与游乐设施，提高景观使用功能与效率，提升人们的归属感、幸福感。同时，注重景观区活动场所的防护与保护设计，包括植物种植隔离带、景观护栏、无障碍通道和选择无毒无刺植物等，确保休闲游玩人们的安全。

3.3 注重展现地域文化与特色景观

深入研究南宁及广西的文化古迹、建筑特色、自然优势、城市格局，发掘本土历史与文化特征，提取地域美学元素，结合原有"绿城"建设的条件，对景观色彩、景观空间、景观序列等方面进行规划设计，运用多彩的花卉、茂密的林荫、宽敞的草坪、野趣的湿地和潺潺的流水等视觉形态，打造独具南方民族和地域文化特色的"水畅、水清、岸绿、景美"的景观形象。

4 优化施工工法，推进工程精细化管理

精细化体系的建立成为海绵设施功能正常发挥的关键一环，它体现在方案上的精心设计上，施工中精细的工法及运维的精致管理贯穿于海绵设施的整个生命周期。

在海绵城市试点建设的3年里，南宁市实施了200多项海绵项目，在项目的实施过程中积累了丰富的设计、施工和管理等方面的经验。例如，在深化认识"渗"的规律上，提出"透水

铺装率"指导性指标控制范围值；施工中对透水铺装基层的换填做法成为保证下渗的重要途径；加强对透水铺装的管养清洁维护、严选透水铺装的材质、加强产品质量检测等成为雨水顺利下渗的重要保障，诸多手段的共同实施保证下渗的雨水透得出、渗得下；在微地形的改造中运用植草沟的海绵手法，把植草沟的深度、宽度与地形巧妙结合，通过对植物的精准选择，使其发挥缓解瞬时暴雨、净化地表径流水质的功能；基于客水消纳的公园海绵技术成为大型公园海绵改造的特色，通过科学组织公园周边的客水，综合利用各项海绵措施，把周边的客水引至公园绿地进行消纳，依据地形采用旱溪、湿塘和雨水花园等在公园内形成亮丽的景观。同时，通过对修正人行道绿化带断面设计、城市道路路缘石开口设计、规范化屋面雨水断接设计、优化完善建筑与小区绿色屋顶设计等经验的归纳总结，逐步把精细化的理念运用到各海绵措施中，并形成《南宁市海绵城市建设精细化设计手册》和《南宁市海绵城市建设精细化施工手册》，为今后海绵城市的精细化设计、精细化施工和精细化管理提供了方向，保证海绵城市建设项目的高质量。

工程实践表明，每个区域的基础条件和气候特点不同，同一区域在不同时期的降水特点也有所不同，具体的技术和施工经验不能照搬照套，唯有因地制宜、因时制宜，不断研究、不断创新、不断总结，才能使海绵城市建设更好地促进城市健康持续发展。

5 智慧管理，创新打造智能化设计审查与监测评估工具

南宁市在海绵城市建设实践中，结合建设"智慧城市"的新理念，打造了智能化的海绵城市方案智能审查系统和监测评估管控平台。

5.1 海绵城市方案智能审查系统

为规范海绵城市方案的设计成果，提高海绵城市方案审查效率，减少标准使用不当、审查要点遗漏、计算公式错误、手工计算工作量大且容易出错等问题，南宁市规划管理局打造了海绵城市方案智能审查系统，使审查工作从输入图纸一

审查—动态模拟—修改编辑—输出报告全过程实现智能化。

海绵城市智能审查系统功能强大，主要包括：①系统开放性强，可支持导入常规 CAD 图纸、SWMM 模型等格式文件，可与南宁市海绵城市及水城建设一体化管控平台衔接；②检测功能强，可针对方案是否符合住房和城乡建设部《海绵城市建设技术指南》《南宁市海绵城市规划设计导则》《南宁市海绵城市总体规划》《示范区海绵城市控制规划》等具体技术要求进行判断，并给出结论，按低影响开发（LID）设施的大类及小类进行处理和定位展示；③实现动态模拟，通过对降水量的设计、降水时长等参数的设置，模拟降水积水的过程；④可快速修改和调整设计方案，支持立体车库、绿地等下垫面精细化设计以及附属设施设计；⑤自动生成审核报告及 LID 审查表、LID 设施表、LID 造价表等各分类统计报告。

除提高审查效率，对海绵城市项目进行全过程精细化管理外，智能审查系统还有助于全面协调城市规划设计、基础设施建设运营与海绵城市建设，实现统一规划、建设、管理与协调；有利于积累海绵城市设计相关技术数据，形成经验以指导同类项目建设；有助于完善规划数据库，为海绵城市信息化管理提供数据支撑，利用数据进行决策咨询服务、数据分析、数据特色应用服务，实现数据资源共享，实现数据的海量存储、高效管理与持续更新。

5.2　海绵城市监测评估管控平台

南宁市海绵城市监测评估管控平台是基于地理信息服务、大数据服务和"互联网＋"等技术，集海绵城市及水城建设的数据管理、业务管理、服务管理和监管监控于一体的综合性平台。其采用"地理信息＋"模式，将原本分散的系统及数据进行统一平台、统一格式的管理，为南宁市海绵城市建设、水环境综合治理项目中的辅助决策、运行维护、统计分析和协调督办等工作提供信息化支撑，极大地提高了海绵城市体系的运转效率。

管控平台的核心内容包括：①数据采集模块，通过与各类监测设备直连或接口读取，对试点区域内液位计、流量计、监控摄像头等设备的监测数据进行采集与存储，作为判定建设成效的数据基础和决策依据；②考核评估模型展示模块，对监测数据进行分析和计算后返回评估结果，管控平台根据考核评估内容通过接口的方式对模型评估进行可视化展示；③"一张图"管理模块，以数字南宁地理空间框架为基础，采用数字南宁电子地图作为框架底图，将海绵城市建设的各类专题、各部门专题、各类统计数表以及考核评估模型计算结果进行空间可视化展示，用户可以通过这个模块对各监测站点的分布情况、运行情况、监测内容等信息进行查询和浏览，为各城建项目建设的阶段性成效的判断提供直观的"图、数、表"依据；④项目管理模块，以项目为单位，建立报建立项—建设监管—验收归档—后期评估一体化管控流程，通过平台可对即将逾期或是已经逾期的项目进行督查督办，还可以通过管控平台获取项目业主上报的工程进度、需协调问题等信息，并直接在平台反馈处理结果和意见。

规划建设方法创新

1 项目简介

继南宁市成功入选国家海绵城市试点城市之后，《南宁空间发展战略规划》提出"构建城市综合防洪排涝体系与城市雨洪资源综合利用系统，保障城市安全，提升城市环境品质，建设海绵城市"的目标，制定了"实施五象新区低影响开发示范工程建设"的行动计划，明确五象新区将作为南宁市建设海绵城市的主要实施区域。为了在新区建设中贯彻海绵城市建设理念，科学合理地确定五象新区海绵城市建设目标与指标，有效指导海绵城市的规划落地与建设实施，2015 年 5 月，南宁市五象新区建设规划管理委员会组织编制《南宁五象新区海绵城市专项规划》。

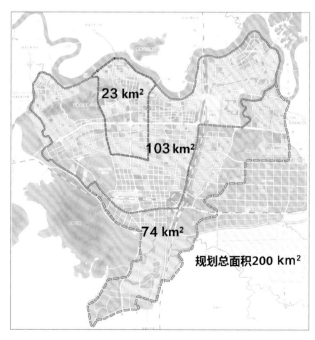

图 1　五象新区海绵城市专项规划范围

该规划以南宁市五象新区及其集水区域（包括八尺江流域、良庆河流域、良凤江流域，共 1000 km²）为研究范围，主要针对流域水系进行径流分析、水环境分析。规划范围与《五象新区概念性总体规划》确定的城市建设范围相同，北起邕江，南接那马组团，西邻水塘江，东至八尺江，规划总面积约 200 km²（图 1）。

2015 年 8 月，《南宁五象新区海绵城市专项规划》初期成果通过专家评审，规划编制思路和初期成果文件得到中国城市规划设计研究院、北京市市政工程设计研究总院的专家认可。在初稿评审会议意见的指导下，经深化调研和细化研究，并与在编的《南宁市海绵城市总体规划》（初稿）和《南宁市建设海绵城市规划设计导则（试行）》对接协调，修改完善后的规划中期成果于 2015 年 12 月通过专家评审。在进一步对接批复的《南宁市海绵城市总体规划》的基础上，总结南宁市海绵城市先试先行的经验教训，完善后的《南宁市五象新区海绵城市专项规划》正式成果于 2017 年 1 月获批复实施。

五象新区海绵城市专项规划确定五象新区年平均径流总量控制率目标为 80%，径流污染控制目标为 55%，雨水资源化利用目标为 10%，并按照控制性详细规划（简称"控规"）管理单元的管控范围对指标进行量化分解和落实。

2 规划设计方案概要

2.1 问题导向下的规划任务理解

五象新区属分区层面，依据《南宁市海绵城市规划设计导则（试行）》，海绵专项规划应参照总体规划中的海绵城市规划体系编制，在规划设计导则要求的内容体系基础上，重点完成以下六个方面的工作。

（1）标准与目标：如何制定合理的五象新区海绵城市建设标准？

对策：结合五象新区部分区域已建设的特点，落实上位规划指标分解要求，合理区分未建区、已建区、建设试点区的控制指标。

（2）规划指标体系：选取哪些对象作为构建海绵城市的载体？如何构建分层次开发指标体系？

对策：根据绿地、水系、市政道路与用地地块的不同属性，针对海绵系统与海绵单元两大控制层面，提出具有针对性的控制内容与指标。

（3）构建低影响开发技术系统：在哪些阶段选取哪些技术方法构建五象新区低影响开发技术支撑？

对策：根据南宁市气候特点及五象新区土壤、水文实际情况，采用适宜的技术方法实现"渗、滞、蓄、净、用、排"功能。

（4）相关规划的衔接与控制指标的执行：如何衔接五象新区的现状建设，协调已有的规划安排，有针对性地落实重点指标控制要素？

对策：遵循循序渐进、差异化针对性处理的原则，对已有规划重新解读审视，分析已建项目对低影响开发的响应，对已批在建、已批待建项目进行评估，研究有无改进提升的空间，实现全覆盖兼顾差异化的指标落实。

（5）配套体系：如何结合五象新区土壤水文实际与城市风貌要求，在绿化树种、特色景观方面有所作为？

对策：分析研究气候、土壤、水文的适宜性，结合五象新区的城市风貌要求提出环境适应型的特色植物配置体系。

（6）行动计划：如何在正在推进的五象新区近期建设安排中逐渐转变现有的习惯性做法，逐步推广低影响开发建设思路，制订实施行动计划与项目保障体系？

对策：吸收融合国内外成熟经验，结合五象新区的实际，改进完善南宁市关于低影响开发的标准与技术方法，强调在既有建设技术的基础上进行衔接与改进，而非颠覆性、简单粗暴、高成本的替换。

2.2 目标导向下的规划任务理解

（1）以海绵城市核心思想为依据，识别海绵建设的重点区域。

深入落实海绵城市建设的核心思想，保护城市原有的生态系统，根据区域内的流域径流、水系分布、场地竖向、现状雨水工程、受纳水体性质和水体保护区域划分等因素，选取易涝区、水生态敏感区作为海绵城市建设的重点区域，在区域内重点考虑低影响开发设施及生态保护措施。

（2）以雨水径流特征与"渗、滞、蓄、净、用、排"技术手段为核心，构建低影响开发雨水系统。

根据区域雨水径流的特征与低影响开发技术的功能特征，分析整个区域由源头至末端对雨水的全过程控制因素，形成了斑块—廊道—基质的海绵生态系统，即海绵斑块（海绵城市重点建设区）收集海绵基质（整个五象新区）的雨水径流，通过廊道（低等级径流）将多余的雨水径流传输至邕江。

研究"渗、滞、蓄、净、用、排"六个海绵城市核心技术手段在城市绿地与广场、城市道路、城市水系等方面的应用，规划滞留转输设施、蓄水净化设施、雨水回用设施、应急排放设施等低影响开发设施，构建整个五象新区的低影响开发雨水系统。

（3）以海绵设施布局要求为依据，引导地块建设、景观塑造、雨水回用和植物配置中的海绵设施建设。

从住宅地块、商业地块、公建地块和绿地水系地块四个地块类型对海绵城市建设要点、海绵设施配建等做出引导；从建筑、公共空间、街道和水系景观四个方面引导海绵建设中城市景观的营造；从市政公用、商用和家用三个方面对雨水的收集回用进行引导；对符合海绵城市建设需求的乔木、草本植物进行选择。

（4）以国家海绵城市考核指标为标准，建立海绵城市监测系统及实施保障。

根据《海绵城市建设绩效评价与考核指标（试行）》，结合水动力及流域特征，建立"地块—节点—末端"的监测系统布点方案，主要评价水生态、水环境、水资源、水安全，及时进行设施维护管理。

2.3 规划思路与规划目标
2.3.1 关键概念与拟解决的重点问题

规划强调系统与单元两个层面的技术思路体系，其中系统方面着重建立区域统筹协调层面的海绵设施系统布局、五象新区整体的海绵城市建设目标，以及五象新区需要重点控制的流域径流系统；单元层面着重通过模型计算确定五象新区总体海绵城市建设目标，以及各单元自身需要建设的海绵设施量及单元目标（图2）。

系统的概念	单元的概念
系统性的目标体系	基于流域的控制单元划分
系统性的流域分区	承接总体目标的单元目标分解
系统性的结构布局	实现单元目标的单元设施控制

图2 五象新区海绵城市规划关键概念对比

在系统、单元的基础上，逐层分步解决以下两个问题。

（1）如何解决总体指标与系统体系问题？

第1步：承接上位文件要求，制定五象新区总体目标；

第2步：模型推导海绵建设重点区域，明确海绵系统布局原则；

第3步：优化调整现行规划；

第4步：结合重点区域分布布局总体层面的海绵系统结构与相应控制线。

（2）如何解决单元分解控制问题？

第1步：结合流域分区、控规单元和用地特征划分海绵单元；

第2步：模型推导各海绵单元控制目标；

第3步：分单元测算，实现控制目标需要配套的海绵设施建设量；

第4步：制定单元控制指引，控制单元设施布局、单元设施总量。

2.3.2 规划设计目标确定

按照《住房城乡建设部关于印发〈海绵城市专项规划编制暂行规定〉的通知》，明确雨水年径流总量控制率等目标并进行分解，是海绵城市专项规划设计的三项主要任务之一。五象新区的海绵城市整体目标如何制定，需要重点考虑以下七个方面的要素。

（1）结合五象新区水质（水质差）、降水规律（峰值出现频率高）等实际条件。

（2）参考住房和城乡建设部《海绵城市建设技术指南》关于规划控制目标的内容。

（3）结合《南宁市海绵城市建设试点城市实施方案》关于建设目标和指标的要求。

（4）结合《南宁市海绵城市建设2015—2017年分年度考核目标》要求。

（5）考虑南宁市海绵城市建设目标和指标的适用性、推广性。

（6）指导文件《南宁市海绵城市建设试点城市实施方案》的规定："邕江北部建成区的年径流总量控制率不低于70%，邕江南部五象新区的年径流总量控制率不低于80%，整个示范区内年径流总量控制率不低于75%。"

（7）海绵城市建设工程包括建成区改造项目和新建项目，二者在设计理念上存在较大的差异，需要区别对待。建成区内往往受限于条件，导致存在很多需要解决的雨水排放控制问题，而又同时存在场地条件有限、改造困难的情况。

2.4 指标体系及量化分析
2.4.1 首要目标——多年平均径流总量控制目标

五象新区处于快速建设时期，需要建设大量的硬化路面。当径流排放量超出排水管网负荷又无法有效下渗时，容易造成城市内涝。年径流总量控制目标是实现开发径流排放量接近开发建设前自然地貌时的径流排放量，需要完成部分径流的下渗、储存和缓排，以减少雨水管道系统的压力。

由于径流污染控制目标、雨水资源化利用目标可通过径流总量控制实现，因此选取年径流总量控制目标作为首要目标。

（1）径流峰值控制目标。

南宁市降水丰富，尤其6、7月是暴雨出现最多的月份，且南宁市地处盆地低洼处，容易造成内涝和水灾。针对水资源丰富地区，径流峰值的控制可以有效削减中小降水事件的峰值，也可对特大暴雨事件起到错峰、延峰的作用。

（2）径流污染控制目标。

五象新区北接邕江，区域内分布八尺江、

良庆冲及楞塘冲等支流水系。水资源环境除八尺江水质为 V 类，属中度污染外，其余水质均为劣 V 类重度污染。径流污染控制主要控制分流制径流的污染物总量和合流制溢流的频次或污染物总量，若在一定程度上降低径流的污染，也可减少污染物进入河流水系。

（3）雨水资源化利用目标。

南宁市整体水量充沛，水价适中，但是水资源丰富并不是意味着不用集约、节约用水。因此，五象新区雨水资源化利用可以根据自身情况提出适度的指标。

2.4.2 量化指标

多年平均径流总量控制率为 80%；径流峰值控制目标——实现城市雨水管渠的综合设计重现期标准提高到一般地区 3 年一遇，重点地区 5 年一遇；径流污染控制目标为 55%；雨水资源化利用目标为 10%。

2.5 规划设计方案

2.5.1 标准与目标：制定合理的五象新区海绵城市建设标准

规划结合五象新区部分区域已建设的特点，落实上位规划指标分解要求，合理区分未建区、已建区和建设试点区的控制指标（表 1、表 2）。通过专业软件建立数字化模型对已建区、未建区的可完成指标进行模拟评估，结合实际情况确定已建区需要承担的规划指标，合理分配未建区与已建区的指标比例，做好建设试点区的控制指标对接，从而进一步提高规划指标分解工作的可操作性，确保五象新区建设指标的落实（图 3）。

2.5.2 规划指标体系：选取海绵城市的建设载体，构建分层次开发指标体系

规划根据绿地、水系、市政道路与用地地块的不同属性和空间关系，针对海绵系统与海绵

表 1 新建区与建成区海绵城市建设原则的差异

比较内容	新建区	建成区
建设原则与途径	①以"控制率目标"为导向； ②竖向衔接合理，保证排水通畅； ③注重源头分散处理，减少雨水径流； ④灰色设施与绿色设施相结合，绿色设施优先采用； ⑤多专业整合与协调	①以问题为导向； ②因地制宜，结合技术组合最大可行性及合理性，实现建设目标要求； ③注重雨污分流、初期雨水净化、现状积水问题的解决等； ④注重公众参与； ⑤多专业融合与协调

表 2 海绵城市建设目标

名称	示范区内	五象新区	示范区外	除五象新区外
建设目标	以《南宁市海绵城市示范区控制性详细规划》中关于项目地块的控制率要求为建设目标	①以《南宁五象新区海绵城市专项规划》中项目所在地块的控制率要求为建设目标； ②以《南宁市海绵城市规划设计导则》中关于项目类型的控制率要求为建设目标	新建项目以南宁市规划局《建设项目规划设计条件通知书》中的控制率要求为建设目标	①以《南宁市海绵城市规划设计导则》中关于项目类型的控制率要求为建设目标； ②以《南宁市海绵城市总体规划》中关于项目地块的控制率要求为建设目标

图3 五象新区海绵城市建设标准与目标体系示意图

图4 流域设施系统与单元控制系统示意图

单元两大控制层面，提出具有针对性的控制内容与指标。重点以城市绿地与广场、城市水系、城市道路和建筑小区等作为未来实现海绵城市的载体和识别新区重要的生态斑块，构建生态廊道，以水系整合为核心，保护、恢复五象新区的水生态系统；划定蓝线、绿线控制线，划定海绵城市单元，协调相关规划，制定管控措施（图4）。

2.5.3 重点区域识别：确定海绵城市重点区域并提出相应的保护措施

规划通过对城市径流分析、内涝风险综合分析和水敏感分析，得到规划区内易涝区、水生态敏感区作为海绵城市建设的重点区域并提出相应的保护措施。

规划选取内涝灾害风险评估影响较大并与空间分布有关的主要因子，对城市内涝风险进行综合分析，确定内涝风险高、中、低区域；选取水体本身（地表水）、水源保护地及对水体环境产生负作用的城市建设影响元素进行水生态敏感分析，将各个因子分析结果进行叠加分析，最后得出水生态敏感区区划，确定水生态高、中、低敏感区。同时，对易涝区和水生态敏感区提出相应的保护措施（图5）。

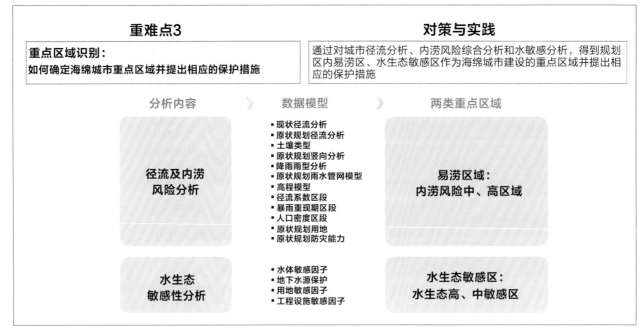

图 5　海绵城市重点区域识别分析模型体系示意图

2.5.4　低影响开发技术系统构建：分阶段选用不同技术手段构建低影响开发技术体系

规划根据南宁市气候特点及五象新区土壤、水文实际情况，采用源头削减、中途转输和末端调蓄等技术方法实现雨水的"渗、滞、蓄、净、用、排"。统筹现代田园城市建设、海绵城市建设和新型城镇化道路探索，根据五象新区实际条件，打造多级海绵城市建设系统。

建筑地块是分流和回用的重点，雨水经过生态屋顶收集过滤，汇流到下沉式绿地和蓄水池。雨量较大时，流入雨水花园，形成微型水景，并补充地下水。在极端降水情况下，通过溢流快速排入市政管网。市政道路、绿地可以加强集水功能。

道路是地表径流的重要通道，雨水从道路沿豁口流入隔离带的下沉式绿地，卵石、炉渣、砂子构成的滤层就像海绵一样能净化和存储雨水。多余的雨水通过绿地内的雨水篦子，溢流入附近的速渗井，剩余部分溢流至调蓄池。景观绿地依托地形自然收集雨水。城市绿地、广场等公共空间的雨水被植被和土壤充分吸收，富余雨水流向低洼区域，汇聚到速渗井，回补地下水。

通过对建筑地块的雨水回用、道路系统的雨水传输、绿地及广场的雨水收集等措施，选址构建中央雨洪系统，形成调蓄枢纽，最大限度地实现了雨水的存储和回用，提高了对径流雨水的渗透、调蓄、净化、利用及排放功能，恢复城市的海绵功能（图6）。

2.5.5　相关规划的衔接与控制指标的执行：衔接五象新区的现状建设，协调已有的规划安排，有针对性地落实重点指标控制要素

重新审视已有规划，分析已建项目对低影响开发的响应，对已批在建、已批待建项目进行评估，研究有无改进提升的空间，实现全覆盖兼顾差异化的指标落实。

针对不同建设阶段的相关规划形成科学合理的测评标准，围绕如何实现海绵城市，结合项目建设管理提出指标控制体系。应用数字化模型分析等方法分解低影响开发的控制指标，细化低影响开发规划的设计要点，明确年径流总量控制率及其对应的设计降水量、调蓄容积、下沉式绿地率及其下沉深度、透水铺装率、绿色屋顶率等内容，以供各级城市规划及相关专业规划编制、实施监督、实施效果评测进行参考（图7）。

2.5.6　配套体系：结合五象新区土壤水文实际与城市风貌要求，提出绿化树种、特色景观的配置体系

分析研究气候、土壤、水文适宜性，结合五象新区城市风貌要求提出环境适应型的特色植

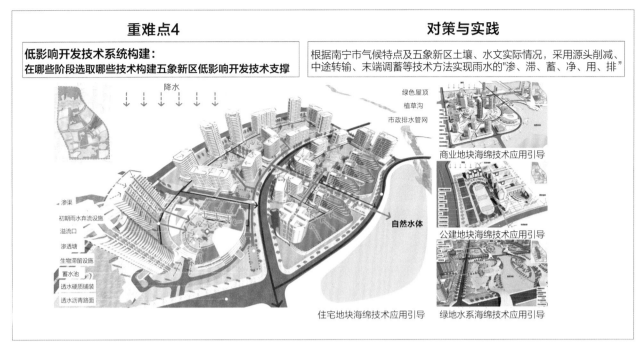

图6　地块海绵技术应用引导

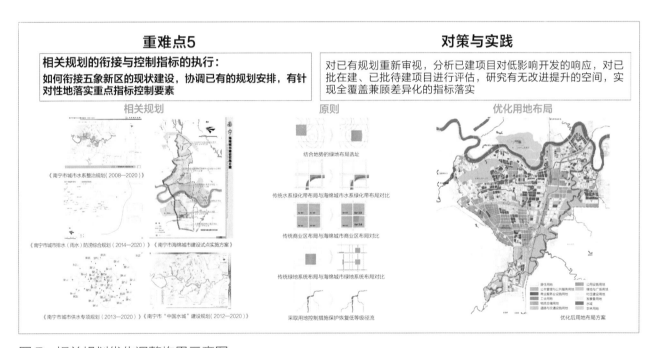

图7　相关规划优化调整构思示意图

物配置体系。考虑多采用乡土树种，尽量维持原有的生态环境，增加雨水蓄积能力。同时，结合南宁市建设"绿城""水城"的要求，既考虑绿化景观服务海绵城市的实用性，也要体现城市的独特风貌（图8）。

2.5.7　行动计划：逐步推广低影响开发建设理念，制定实施行动计划与项目保障体系

规划吸纳融合国内外成熟经验，结合五象新区的实际，改进完善南宁市关于低影响开发的标准与技术方法，强调在既有建设技术的基础上进行衔接与改进，避免颠覆性、高成本的替换。

紧密结合五象新区近期建设的安排，提出海绵城市实施行动计划，明确城市内河排涝综合整治工程、内河水环境生态修复工程、低影响开发示范工程建设等具体项目，落实低影响开发雨水系统建设内容、建设时序、资金安排和保障措施。

对于已经出让或划拨但尚未建设的地块，

重难点6	对策与实践
配套体系: 如何结合五象新区土壤水文实际与城市风貌要求,在绿化树种、特色景观方面有所作为	分析研究气候、土壤、水文适宜性,结合新区城市风貌要求提出环境适应型的特色植物配置体系

图 8　海绵设施与城市景观结合建设示意图

通过设计变更、资金激励等方式和手段,在地块总平面设计、单体设计和室外排水设计中落实海绵城市的理念和相关建设内容的要求,对符合相关要求的给予资金激励;对于尚未出让的地块,除传统的绿地率、容积率等刚性指标外,加入海绵城市建设管理和引导指标,包括单位面积雨水控制容积、透水铺装比例、下沉式绿地比例,以及新建项目开发后流量径流系数应不大于限制值等;对于新建、改建项目的总平面方案审查,应重点审查项目用地中的雨水调蓄利用设施、绿色屋顶、下沉式绿地、透水铺装、植草沟、雨水湿地、初期雨水弃流设施等低影响开发设施及其组合系统的设计内容,研究其与控规或海绵城市建设相关专项型规划、规定相应指标要求的符合度。

3　规划创新点

3.1　融合"水敏型城市""绿色基础设施"理念,构建五象海绵城市

　　五象新区是南宁市海绵城市建设责任最大的区域,也是南宁市海绵城市建设启动最早的区域。《南宁五象新区海绵城市专项规划》作为广西完成的首个海绵城市专项规划,也是全国少有的海绵城市专项规划之一。该规划在深入研究国内外低影响开发建设成功案例的基础

上,充分融合澳大利亚水敏型城市设计理念、绿色基础设施理念,参照《海绵城市建设技术指南——低影响开发雨水系统构建》等相关规范标准,结合规划区的自然条件、城市建设管理条件进行编制。

　　规划首次提出"斑块—廊道—基质"的海绵生态系统。海绵生态系统中的斑块是重点布局海绵设施的地块,是海绵城市建设的先导,规划明确海绵斑块主要为政府主导重点项目、海绵学校、海绵公园和海绵办公区等公益性项目。城市水系与绿地廊道是海绵生态系统重要的生态元素,是海绵生态系统的廊道,承担雨水积存、渗透及净化的功能,并明确五象新区的海绵廊道主要为八尺江、楞塘冲和良庆冲等沟塘河渠。城市建设区作为系统中的基质,应在五象新区建设区域全面推行海绵化建设,打造五象新区海绵建设的良好基质(图9)。

3.2　多种数字化模型与GIS/SWMM技术软件结合,完成海绵指标分解

　　低影响开发雨水系统的核心是维持场地开发前后水文特征不变,因此需通过模型研究整个雨水径流的变化,推算海绵规划相关指标数据以支撑海绵城市规划。规划主要运用了单元划分模型、单元指标分配模型和单元指标转化模型等数

字化模型，采用的主要为 GIS、SWMM 软件。单元划分模型叠加控规单元、流域分区、排水分区和用地布局等因子，分析得出海绵控制单元；单元指标分配模型选取地块建设信息、各用地地表径流量系数、各用地透水率等叠加赋值；建立

总指标承担强度评价体系，充分考虑单元内各地块实际海绵设计建设可行性，完成地块指标分配比例；海绵指标转化模型叠加地块信息、地块指标分配比例和单元指标综合得分，转化单元多年平均径流总量控制率（图 10）。

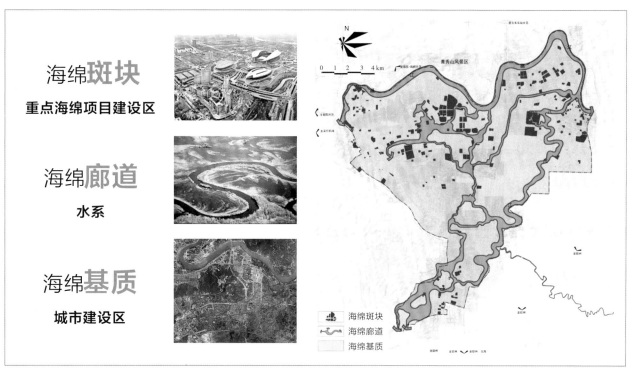

图 9　海绵生态系统构思

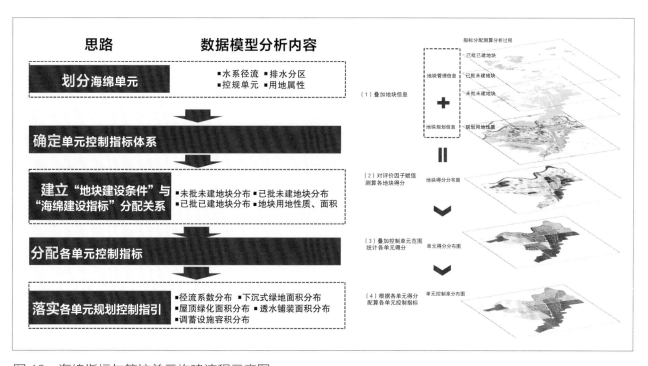

图 10　海绵指标与管控单元构建流程示意图

3.3 "系统规划 + 单元引导图则"，衔接专项规划，对接控规

作为一个新理念的专项规划，规划以城市总体规划为依据，衔接《南宁市城市绿地系统规划（2011—2020）》《南宁市"中国水城"建设规划（2012—2020）》《南宁市城市排水（雨水）防涝综合规划（2014—2020）》等相关规划，不但从绿地系统、道路系统、水系系统和防洪排涝系统等方面对海绵城市建设做出引导，而且编制了单元控制指引图则，对接控规，将海绵建设相关指标落实到控规管理单元内，全面搭建了海绵城市建设引导体系（图11）。

3.4 从目标指标到建设、监测、验收的全流程实施管控体系，确保目标实现

规划海绵目标指标通过编制单元控制指引图则落实到各个单元，指导下层次控规图则落实相关指标，与开发强度等控规指标一并纳入地块规划设计条件进行建设管理，构成了专项规划—详细规划—建设项目逐层推进的实施管控体系，确保海绵建设指标落到实处。根据《海绵城市建设绩效评价与考核指标（试行）》，结合水动力

及流域特征建立"地块—节点—末端"的监测系统布局，对水质水量数据进行实时监测、收集与分析，确保各项指标的落实（图12）。

4 规划实施

"五象新区海绵城市专项规划"是广西首个启动并批复实施的海绵城市专项规划项目，项目的编制进度在行业中也是处于领先的位置。规划在编制过程中协调并在一定程度上辅助了中国城市规划设计研究院《南宁市海绵城市总体规划》的编制工作。研究成果指导了《南宁市海绵城市建设技术——低影响开发雨水控制与利用工程设计标准图集（试行）》《海绵城市建设技术——低影响开发单项设施及雨水喷灌系统》等海绵城市相关技术文件的编制，五象新区海绵城市专项规划的编制完成，填补了南宁市海绵城市专项规划层面的空缺，为其他海绵城市专项规划项目提供了借鉴。

规划成果得到了业主及相关领域专家的高度肯定，规划主要指标、单元指标与《南宁市海绵城市总体规划》进行了充分的沟通反馈。五象

图 11 海绵城市单元引导图则（例）

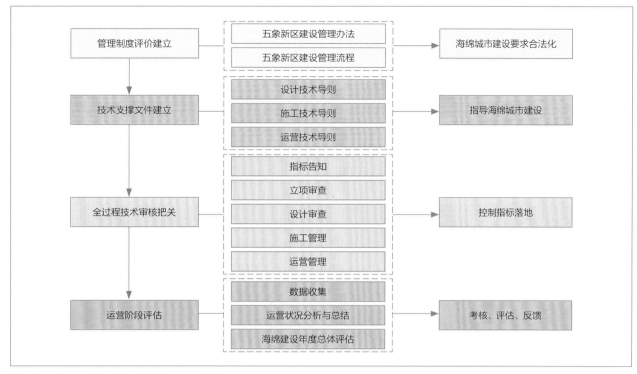

图 12 海绵城市管控体系构建示意图

新区海绵设施建设在规划的指导下有序开展，指标控制要求也全面落实到五象新区相关控规编制、用地出让条件中。规划为业主提供了海绵建设与管理全面、系统的支撑。五象新区作为海绵城市先行示范区的建设区域，于 2015 年底重点完成了广西体育中心配套工程、南宁市博物馆及部分城市道路海绵改造等工程，于 2016 年完成了五象湖公园提升工程、五象湖公园水质环境治理工程及五象新区滨江公园护岸工程等重点海绵建设项目，后续地产海绵改造等项目也陆续实施完成。

5 设计实施

5.1 现状资料收集

现状资料收集阶段，需注意收集以下资料。

（1）改建类项目。

①现状地形图。

②现状小区内及周边地块的雨污水管线总平布置图，建筑物雨污水排放情况。

③场地地勘；地下水位情况；土壤渗透性能，是否为膨胀土等。

④现状绿化图或绿化种植情况。

⑤现状建筑物竣工图。

⑥现状存在问题或业主诉求。

⑦其他项目建设所需的资料。

（2）新建类项目。

①总平面或其他相关专业提供的总平面布置图、场地竖向布置图。

②项目周边地块的市政雨污水管线布置情况。

③项目地勘报告。

④其他项目建设所需的资料。

5.2 现场踏勘调查

海绵项目设计过程中，尤其要重视对项目场地的现场踏勘及调查。只有经过充分细致的调查，才能结合实际提出有针对性的解决思路，避免项目实施过程中出现各种问题及工作反复。

（1）建筑与小区。

①注意存在问题的收集，主要包括雨污水混接情况调查、现状积水点分布调查、现状铺装破损情况调查、现状地质不稳定区域情况调查等。

②对现状绿化调查，主要包括绿化种植区域、绿化品种、分析新增绿化区域的可能性。

③地下室范围调查，主要包括地下室范围、地下室覆土厚度、地下室顶板是否存在漏水现象。

④现状屋面调查，主要包括屋面是否考虑上人荷载、现状排水是否通畅、是否存在漏水现象。

⑤现状消防通道范围调查，避免海绵措施占用消防通道。

⑥现状水体调查，主要包括水质情况、竖向标高是否适合收集雨水。

（2）道路工程。

①改造工程需调查现状人行道下管线分布及埋深情况。

②现状绿化调查，包括植物生长情况、是否适合或需要移植。

③是否存在后排绿地，其与道路竖向标高关系如何，是否能够利用于海绵工程。

（3）园林绿化工程。

①现状绿化调查，包括绿化种植苗木品种、位置、是否需要移植。

②现状水体水质情况如何，是否存在污水排入。

5.3 不同类型项目海绵设计创新点

（1）建筑与小区。

①采用绿色屋顶时，需对屋面荷载进行重新核算，并充分考虑屋面防水处理。

②场地内存在地下室的，需绘制地下室范围线，并复核地下室覆土深度。在覆土深度满足海绵措施布置要求的情况下，需在海绵措施下布置排水层或排水设施。

③屋面雨水宜断接后就近引入海绵设施。

④路面雨水及地表径流经断接引入海绵设施前，需经沉沙等前处理。

⑤尽可能避免从小区雨水管线将雨水引入海绵设施，若需引入，则在雨水引入之前，判别雨水管（渠）是否存在污水混排的情况，若有，则不能直接引入海绵设施。

⑥透水铺装基层需满足透水性能要求，对于土壤透水性能差的区域，还需在基层内布置雨水疏排管。

⑦在消防通道、消防车停靠区域等路面荷载较大的区域，不适合设置透水铺装面。

⑧具有下渗功能的生物滞留带、下沉绿地等海绵设施，与建筑物结构的距离不宜小于3 m，并在靠近建筑的一侧做防渗处理。

⑨海绵设施与建构筑物的距离，应考虑施工开挖过程中对周围建筑的影响，并经结构复核安全后确定。

（2）道路工程。

①需强化各专业之间的协调合作，道路专业定好平面及竖向布置后交给排水专业核算控制率指标，经核算在需要增加调蓄容积的情况下，各专业需协调一致，适当调整平面或竖向布置。

②鉴于下沉的生物滞留带内滞水时存在植物或种植土阻挡等情况，为保证排水通畅，生物滞留带内雨水溢流口间距不宜过大。

③开口路缘石的过流断面应经计算复核，在满足道路行车安全的前提下，也需满足收水量的要求。

④在设置有生物滞留设施汇水的行车道上，由于雨水可经开孔路缘石进入生物滞留设施滞水后再溢流排放，不用在行车道上再布置常规雨水口。

⑤在路面雨水断接进入生物滞留带或下沉式绿地的区域，需在入口处设置去除泥沙等杂质的沉沙措施。

⑥鉴于道路雨水泥沙含量普遍较高，为避免泥沙淤积于雨水篦子导致排水困难，溢流雨水口的形式可采用立体篦子而不是平篦式。

⑦透水铺装基层需满足透水性能要求，对于土壤透水性能差的区域，还需在基层内布置雨水渗排管。

⑧立交项目除考虑道路部分的海绵措施外，还需要考虑从桥面雨水立管中断接，将雨水引入桥下海绵设施的措施。

（3）园林及绿化工程。

①大面积下沉绿地调蓄容积计算需结合场地坡度及竖向标高计算，不应简单地以下沉深度乘以面积计算，而是按等高线下沉深度乘以等高线圈围面积。

②大面积下沉绿地及生物滞留带的雨水溢流口标高需结合地形布置，间距不宜过大。

③透水铺装基层需满足透水性能要求，对于土壤透水性能差的区域，还需在基层内布置雨

水渗排管。

④收集地表径流的雨水湿地、雨水塘等，进水需经前置池做初步处理。

⑤有滑坡可能的高边坡不宜大范围布置海绵下渗设施。

6 规划设计启示

海绵城市是生态文明建设在城市雨水管理方面的具体体现，是与国际先进雨水管理理念接轨的中国智慧，是中国解决城市雨水问题的可持续发展之路。海绵城市的规划设计需要系统思考、统筹协调、科学布局、合理规划。通过对五象新区海绵城市专项规划设计的编制探索，我们认为还需要从以下三个方面加强规划设计研究工作。

（1）海绵城市规划应转变规划设计工作方法，落实海绵城市建设要求。

中国传统规划的三个基本作用：探索发展导向，统一决策思想；拉动经济发展，规范建设行为；提升城市品质，改善人居环境。随着新型城镇化和社会经济发展，新要求远远超越了城市规划设计专业，主要体现在：①"多规合一"，强调专业协同与部门协同；②全域规划设计，强调平台统一与城乡统筹；③新型城镇化，强调以人为本的政策安排；④生态文明，强调绿色理念、技术与路径。这就要求我们改良规划设计工作方法。海绵城市是城市转型发展的重要形式、城市建设的目标之一，是城市规划设计的基本理念，是城市规划设计工作的主要任务，是规划改革创新的重要方向，这就要求将海绵城市相关要求纳入城市规划设计编制的技术要求（图13、图14）。

（2）完善规划编制标准或指南，形成长效机制。

为形成机制，满足当前建设需要，各地可适度地开展海绵城市建设专项规划设计和专题研究；编制试点区域详细规划或实施方案，全面展示地方对海绵城市的理解和安排，包括规划、设

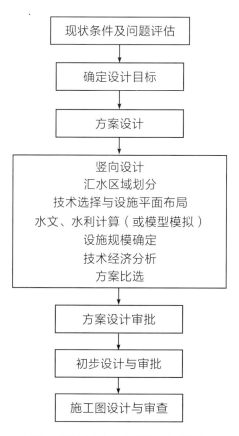

图 13 海绵城市一般设计流程图

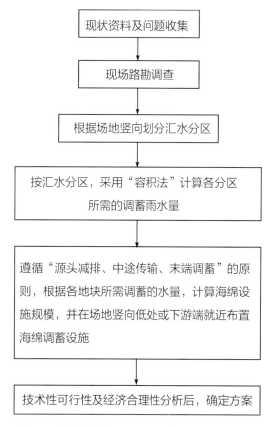

图 14 海绵城市设计细化流程图

计、建设、财政和机制等内容。本次规划设计重点针对海绵城市规划编制体系进行研究，进一步完善规划设计编制体系，形成长效管理机制。

目前，我国的海绵城市建设还处于初级阶段，技术、规划思想与编制体系还不成熟。虽然相继制定和出台了一系列相关技术指南、不同尺度水生态基础设施构建指南，以及各类技术集成的使用指南等，海绵城市建设有了一个良好的开端，但是还远远不够。在涉及土地、规划与相关技术部门的衔接、管理、资金及海绵城市的水生态基础设施规划如何落实，比如"水生态红线"是否纳入法定规划体系等海绵城市的建设模式和实现路径方面还存在诸多问题。如何采用先进的理念、技术方法和手段，建立系统、科学、合理、完善的规划编制体系，因地制宜、渐进式地推进海绵城市的建设，让城市学会与自然和谐相处，我们还需要积极探索（图15、图16）。

（3）明确规划设计方法，总结经验，合理计算各类设计指标。

采用住房城乡建设部《海绵城市建设技术指南——低影响开发雨水系统构建（试行）》（以下简称《指南》）中"容积法"计算，本次规划设计过程中总结出以下经验。

①常见问题一：顶部和结构内部有蓄水空间的渗透设施（如复杂型生物滞留设施、渗管/渠）的渗透量未计入总调蓄容积。

说明：根据《指南》中第四章第八节"容积法"计算原则，上述渗透量应计入总调蓄容积。

②常见问题二：误将雨水湿塘、雨水湿地等水体的储存容积理解为调节容积而不计入总调蓄容积。

说明：《指南》中第四章第八节"容积法"计算原则中指出："调节塘、调节池对径流总量削减没有贡献，其调节容积不应计入总调蓄容积。"根据《指南》关于水体储存容积与调节容积的解释，"储存容积"一般根据所在区域相关规划提出的"单位面积控制容积"确定，即为根据公式 $V=10H\varphi F$ 计算的所需调蓄容积；"调节容积"则为用于削减管渠峰值流量的容积。根据以上定义，"储存容积"应计入总调蓄容积，而仅用于削减峰值流量的"调节容积"不应计入总调蓄容积，且应在 24~48 h 排空。因此，不应混淆概念，认为所有的自然水体、景观水体都不具备雨水调蓄的功能。

③常见问题三：将植草沟调蓄容积计入总调蓄容积。

说明：根据《指南》中第四章第八节"容积法"计算原则，对于转输型植草沟，其调蓄容积不应计入总调蓄容积。

④常见问题四：将透水铺装、绿色屋顶结构内孔隙水量算入总调蓄容积。

说明：根据《指南》中第四章第八节"容积法"计算原则，透水铺装和绿色屋顶仅参与综合雨量径流系数的计算，其结构内的空隙容积一般不再计入总调蓄容积。

⑤常见问题五：部分海绵改造项目中，对

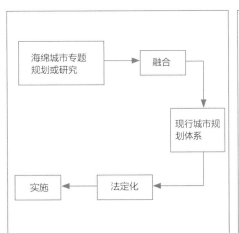

图15 海绵城市编制体系

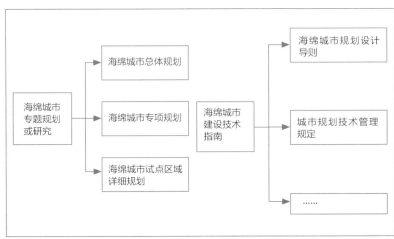

图16 海绵城市编制类型示意图

于现状停车场等透水铺装场地的基层透水性能缺乏分析，雨量径流系数取值较低且改造前后取值情况一样。

说明：《南宁市海绵城市规划设计导则》中关于透水铺装雨量径流系数的取值范围较大，设计取值需结合透水铺装下的基层透水性能综合分析后取值。

⑥常见问题六：在进行年径流污染控制率计算时，将下沉绿地的污染物控制率取值为零。

说明：《指南》中表4-1中关于下沉式绿地污染物去除率（以SS计）的描述为"—"，并不是指其去除率为零，而是指没有经过相关试验研究或没有相关资料提供数据，目前不能提出取值范围建议值。建议结合其他污染物处理程度同样为"◎"（较强）的海绵措施污染物控制率取值。

7 施工经验总结

在海绵城市建设施工过程存在由于施工不够精细而导致海绵设施功能受影响的情况。为了顺利推进项目建设，确保工程质量，规范施工技术，减少问题出现，五象新区对海绵工程施工中常见的问题进行梳理，并提出精细化施工指导。

（1）常见问题一：海绵设施规模不满足设计要求。

原因：部分工程下沉式绿地、生物滞留带、雨水花园、透水铺装等海绵设施的实际施工面积缩水，不符合设计要求，达不到相应的雨水径流调控能力，造成实际的径流总量控制率、污染削减率达不到项目指标要求。

措施：海绵设施建设规模严格按审查合格的设计图实施。

（2）常见问题二：海绵设施汇水不畅。

原因：路面找坡不当，收水豁口位置设置不当，致使雨水难以顺畅流入低影响开发设施，造成路面积水，低影响开发设施无法收集对应汇水面的雨水，达不到调蓄净化汇水片区雨水的功能。

措施：

①路面找坡、收水豁口施工位置朝向必须符合设计要求。

②道路低洼处若未设有收水豁口，应及时向设计部门反馈，补充设计、变更或增设收水豁口，保证道路低洼处不积水，雨水能顺畅流入低影响开发设施。

③纵坡坡度大于4%的道路，应按设计适当增加开口数量。

（3）常见问题三：下沉式绿地或生物滞留设施下沉深度不够。

原因：下沉式绿地或生物滞留设施下沉深度不够，调蓄能力不足，蓄水层难以接纳汇水面的设计径流量，对周边雨水的净化能力达不到设计要求，造成实际的径流总量控制率、污染削减率达不到项目指标要求。

措施：下沉式绿地或生物滞留设施的下沉深度、下沉面各区域地形造型、构造措施严格按设计进行施工。设计应标出绝对高程控制点，大样图预留足够的种植土层厚度，下沉式绿地种植土完成面应低于周边铺砌地面或道路150~200 mm，生物滞留设施种植土完成面应低于周边铺砌地面或道路150~250 mm，最深不超过300 mm，施工允许误差 ≤ 10 mm，同时满足相关工程施工规范要求。

（4）常见问题四：雨水溢流口溢流高度不够。

原因：雨水溢流口溢流高度不够，导致在未达到设计积水高度时溢流频次过高，减少了海绵设施的实际蓄水量，降低了海绵设施雨水调蓄能力，造成实际的径流总量控制率、污染削减率达不到项目指标要求。

措施：雨水溢流口的溢流高度严格按审查合格的设计图纸实施，溢流口井座高于绿化完成面100 mm以上

（5）常见问题五：植物养护不到位。

原因：植物养护不到位，不仅破坏生态景观效果，还使海绵设施难以达到雨水净化效果，一些枯枝败叶还会堵塞雨水溢流口，造成海绵设施内积水，雨水外溢。

措施：根据合同，业主、施工单位和监理认真履行主体责任，切实加强植物养护，及时更新复壮受损苗木等，并按设计意图，依照植物生态特性及生物学特性科学养护，保持丰富的植物景观层次和群落结构，达到《城市绿化养护规范

及验收要求》（DB45/T449—2007）中规定的三级行道树养护质量要求。

（6）常见问题六：雨水收集回用设施缺少相关警示标识。

原因：雨水收集回用设施缺少相关警示标识，易造成误接误用，对公共安全造成危害。地埋式雨水收集池缺少相关警示标识，易造成错误开挖，影响结构安全。

措施：

①雨水收集回用设施严格按规定设立警示标识及预警系统建设。

②雨水回用管道应按照设计要求与生活饮用水管道分开设置，严禁回用雨水进入生活饮用水给水系统。

③雨水回用管道上按设计要求不得装取水龙头，并应采取下列防止误接误用的措施：a. 雨水供水管外壁应按设计规定涂色或标识；b. 当设有取水口时，应设锁具或专门开启工具；c. 水池（箱）、阀门、水表、给水栓、取水口均应有明显的"雨水"标识。

（7）常见问题七：透水砖质量不合格且施工时铺砌不平整。

原因：透水砖以次充好，强度、透水性能、水稳定性达不到质量要求，铺砌不平整，有空鼓、掉角、断裂、翘动等问题。

措施：严格按照设计图纸和《透水砖路面技术规程》（CJJ/T188）规定施工。透水砖应采用质量合格产品，透水基层应采用强度高、透水性能良好、水稳定性好的透水材料铺装，面层、基层材料应满足设计要求。

（8）常见问题八：忽视蓄水池结构安全。

原因：蓄水池施工前未进行现场勘查，没有按设计要求进行施工，施工方案不合理，产生结构隐患，造成地面沉降、塌陷，甚至产生安全事故。

措施：

①施工前请结构工程师、岩土工程师进行现场踏勘，提出施工意见，严格按照设计要求进行施工。

②蓄水池基坑开挖应按照地质、水文地质、周边环境编制基坑土方开挖、支护、降水施工方案实施。

③深基坑施工按国家规范、规章制度执行。

④施工完毕后必须进行满水试验。

⑤满水试验合格后进行基坑回填，基坑回填应分层填筑、对称施工，回填密实度应满足设计要求，回填前应进行蓄水池安装隐蔽施工验收。

⑥蓄水池周边应按设计要求做好排水设置，顶部检查口应加设防坠落设施。

（9）常见问题九：入渗设施下垫面渗透性能不达标，长期积水，透水铺装潮湿长青苔，路面湿滑，产生安全隐患。

原因：下沉式绿地、生物滞留设施、透水铺装等入渗设施下垫面原土渗透性能弱，未按设计要求进行基质换填，致使雨水难以渗入。

措施：

①下沉式绿地、生物滞留设施、透水铺装等入渗设施应严格按照审查合格的设计图纸施工。当入渗设施下垫面原土渗透性能不满足条件时，应按照设计要求进行基质换填，增加渗排管，满足海绵设施的渗透能力要求。

②地下建筑顶面覆土层设置下沉式绿地、透水铺装等渗入设施时，应按设计要求在地下建筑顶面与覆土之间设疏水片材或疏水管等排水层，增大海绵设施的渗排能力。

评估方式创新

1 项目简介

南宁市海绵城市建设示范区北起三塘环城高速，南至新平路—玉洞大道，中间经过东葛路沿线、民族大道沿线、邕江两岸、五象新区核心区，总面积 54.6 km²，其中邕江水面 2.1 km²（图 1）。建设项目类型包括小区、公共建筑、道路广场、公园绿地、污染水体整治、管网综合治理等项目。经过多年努力，示范区内的 24 个

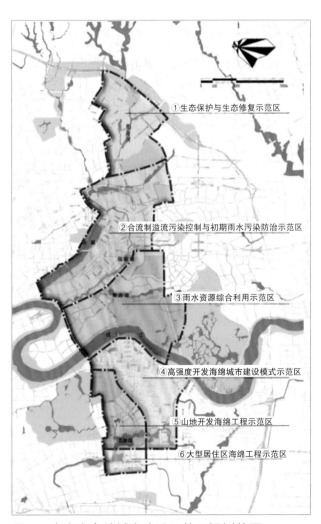

图 1　南宁市海绵城市建设示范区规划范围

① 生态保护与生态修复示范区
② 合流制溢流污染控制与初期雨水污染防治示范区
③ 雨水资源综合利用示范区
④ 高强度开发海绵城市建设模式示范区
⑤ 山地开发海绵工程示范区
⑥ 大型居住区海绵工程示范区

排水管理单元海绵城市建设效果达到建设目标的要求，已实现示范区内海绵城市建设全覆盖。

2 评估模型应用必要性

（1）模型建设是国家海绵城市建设的要求。

2015 年 7 月发布的《海绵城市建设绩效评价与考核办法（试行）》（以下简称《考核办法》）针对"年径流总量控制率"指标，明确提出以下实施方法："根据实际情况，在地块雨水排放口、关键管网节点安装观测计量装置及雨量监测装置，连续（不少于一年、监测频率不低于 15 分钟 / 次）进行监测；结合气象部门提供的降水数据、相关设计图纸、现场勘测情况、设施规模及衔接关系等进行分析，必要时通过模型模拟分析计算。"说明除监测外，模拟仿真技术贯穿于海绵城市整个建设过程中，具有无可比拟的重要性。

2017 年 11 月 4 日，住房和城乡建设部城市建设司副司长章林伟、副处长徐慧纬及上海市城市建设设计研究总院总工程师唐建国、清华大学教授刘翔一行在南宁市调研黑臭水体治理与海绵城市建设情况，同时肯定了南宁市提出的竹排江流域水质改善技术路线和方向。在 11 月 5 日"南宁市黑臭水体治理及海绵城市建设工作座谈会"中，章林伟明确提出"试点片区进行模型评价，最后是否达到，起码以科学的数据来说话"；唐建国在七一总渠现场视察工作时也提出"城市排水管网改造时，应利用模型模拟技术为方案的制定提供科学的决策依据"。

2017 年 11 月，住房和城乡建设部办公厅发布《关于做好第一批国家海绵城市建设试点终期考核验收自评估的通知》，制定了《国家海绵城市建设试点绩效考核指标》《国家海绵城市建

设试点绩效考核指标评分细则》《海绵城市建设典型设施设计参数与监测效果要求》《试点城市模型应用要求》。参照《试点城市模型应用要求》，住房和城乡建设部建议选取适宜的模型对试点区域实现"小雨不积水、大雨不内涝"目标和有关指标进行评估，并将相关模型建立和应用报告、运行维护中的模型应用方案、示范片区效果评估的基础支撑材料等作为自评估报告的附件。

（2）模型建设是海绵城市建设的现实要求。

海绵城市建设试点城市建设完成后，如何总结经验、指导今后的我国海绵城市建设，科学评价海绵城市建设的成效与合理性，是当前重要的工作内容。采用模型模拟建设装置运行状态是实现这一目标最科学合理的方法，也是示范区海绵试点建设经验总结的重要方向。

3 模型搭建工作

在海绵城市专项规划编制、系统化方案设计等过程中需要进行方案比选。在规划编制中要选择适宜水质、水量模拟模型开展建设示范区域地表径流及管网排水能力现状分析，包括内涝风险模拟、管网现状能力评估、泵站及调蓄等设施规模优化等；在系统化方案设计中要对设施种类选择、设施参数确定、不同设施布设情境进行模拟及方案比选等，对不同整治方案对城市内涝防治、河湖水体水环境改善效果进行模拟和比选。

模型要能够支持设施运维和评估。在设施的运行维护阶段，需在实际监测数据采集和对参数不断率定验证的基础上，根据现场实际水质、水量监测结果，对海绵设施的运行状态、区域地表径流、排水管网及城市河湖水体状况进行评价，指导海绵城市设施的日常运行、检修和维护；在效果评估阶段，要选择适宜模型进行模拟评估，主要包括城市内涝防治达标情况、合流制溢流频次、年径流总量控制率等重要指标的达标情况等，其他指标应结合监测进行评估。

在模型模拟过程中，需要收集示范区域的DEM数据、排水管网信息数据、气象数据、土地利用类型数据、海绵构筑物地理信息数据、河道断面数据、泵站闸门数据、排放口数据等属性

数据，排水分区边界、地表下垫面参数（含海绵工程的建设参数）、地表高程数据、河道水位数据、降水数据等基础数据，并将数据进行整理、格式转化及汇总分析，针对不同降水类型进行评估。

在模型率定过程中，模型参数是变化的，直到模型的计算结果与测量数据（水位、流量）完全匹配。模型校核的目标：计算值与测量值匹配良好，证明该模型足够准确地描述了现实，确定计算结果的可信范围。

4 基础数据收集及模型选择

（1）基础数据收集。

收集示范区内的DEM数据、排水管网信息数据、气象数据、土地利用类型、海绵构筑物地理信息数据、河道断面数据、泵站闸门数据、排放口数据等属性数据，排水分区边界、地表下垫面参数（含海绵工程的建设参数）、地表高程数据、河道水位、降水数据等基础数据，并将数据进行整理、格式转化及汇总分析。基于上述数据，南宁市采用德国itwh水文研究所（德国汉诺威水有限公司成员）开发的KOSIM、FOG、HYSTEM-EXTRAN及HYSTEM-EXTRAN 2D软件构建海绵设施、源头小区、排水管网等数学模型为原始模型，结合南宁市具体情况，针对不同降水类型进行评估。

（2）模型选择。

城市雨洪模型的类别繁多，目前应用较为广泛的雨洪模型可分为水文模型与水力模型两大类。水文模型采用系统分析的方法，将汇水区域中复杂的水文变化概化为"黑箱"或"灰箱"系统；水力模型以水力学为理论基础，通过联立连续性方程与动量方程模拟水体自身及水体与河床、管道、污染物等其他介质之间的相互关系。现行的雨洪模型多将水文模型与水力模型进行耦合，可用于城市排洪防涝规划、城市市政雨水管网设计以及非点源污染控制等。据统计，与城市雨洪模拟相关的模型有40余种，目前应用较为广泛的模型包括SWMM、HSPF、Inforworks CS、MIKE、MOUSE、KOSIM、HYSTEM-EXTRAN等。

模型工具应选择国际上广泛应用的模型作为核心计算引擎,并基于 GIS 技术实现建模与模型评估的动态可视化。

5 模型校核与参数调整

根据经验预设模型参数,进行模型的初步模拟;通过实际监测数据,对模型参数进行初步率定,完成参数的初步调整,确定初始化验证参数;通过模型随机模拟数据与相应条件下实际监测数据的比对,进行多次校核调整参数,目的是使数学模型能够接近示范区真实的排水现状(图 2)。

(1)模拟与分析。

采用校核过的模型评估海绵示范区管网的排水能力、示范区内涝风险及所有易涝点的消除情况、示范区的防涝能力、示范区年径流总量控制、海绵工程的建设效果(出口流量)等。

(2)不同的海绵设施具有不同的渗透系数,海绵设施的渗透系数需在实际工况下进行测定。

针对典型海绵设施,如植草沟、透水铺装、生物滞留带、绿色屋顶等,在其进出口设置流量计等设备,在有降水时对海绵设施的径流控制效能和污染去除效能进行评估,将实际测试结果与模型模拟结果进行对比,并用其校核模拟过程。校核模型中输入径流系数等参数,以获取接近南宁市实际情况的模型参数。

模型中定义的暴雨径流参数的下垫面主要包括道路、房屋、绿色屋顶、透水铺装和绿地,按照透水性分为透水结构和不透水结构,绿地归为透水结构,其余为不透水结构。不同的结构具有不同的暴雨径流参数,可利用监测数据并结合 HE 管网校核参数结果及本底资料综合确定参数集。

6 示范区海绵设施运行效能模型评估

建立的简化水文模型能很好地评估南宁市海绵城市示范区海绵设施的效能。经模型评估,整个示范区(24 个片区)的年径流总量控制率和年污染物总量削减率分别为 75.18% 和 56.86%(图 3、图 4)。其中,示范区年径流

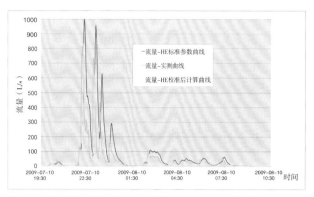

图 2 模型校准的结果 – 计算值与测量值基本匹配

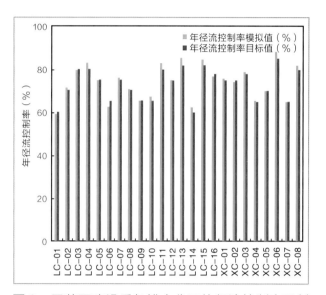

图 3 示范区建设后各排水分区的径流控制率及其目标值

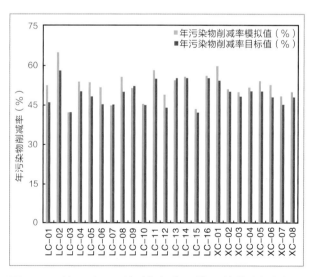

图 4 示范区建设后各排水分区的污染物削减率及其目标值

总量控制率基本与目标值持平,年污染物削减率达到目标值要求。除 LC-06 排水分区外,其他分区均达到了海绵城市设计的目标值。在典型海绵措施(植草沟、生物滞留、绿色屋顶、下沉式绿地和透水铺装)和典型源头小区中,年径流总

量控制率和年污染物总量削减率具有很好的线性关系，而片区范围内两个参数之间线性关系不明显，这是由不同的排水分区基于各自特定的本底性质与海绵建设情况决定的。

7 示范区水环境影响模型评估

经模型模拟可知，在海绵城市建设前，南宁市56个主要雨水排口雨水年均溢流体积为2002.11万立方米，而海绵设施建设后年均溢流体积为1278.13万立方米，年均径流控制量为723.97万立方米，削减率为36.16%；海绵设施建设前年均溢流污染物（SS）的量为1728.86 t，海绵设施建设后SS的排放量为856.68 t，SS控制量为872.18 t，削减率为50.45%。

海绵设施建设前那考河流域8个主要溢流堰的年均总溢流频次、年均总溢流量、年均总溢流天数分别为373.9次，279.2万立方米和223.0天（8个溢流堰累计），而海绵设施的建设使之分别减少到37.0次，68.3万立方米和43.7天（8个溢流堰累计），分别降低了90.1%、75.5%和80.4%。

示范区海绵设施建设前，所有74个雨水排口的年均溢流体积和年均溢流污染物的量分别为3477.11万立方米和7657.08 t，而海绵设施建设后其降低为1463.47万立方米和1002.05 t，分别降低了57.91%和86.91%，表明示范区海绵设施的建设对于示范区受纳水体的污染具有较好的控制效果（图5至图7）。

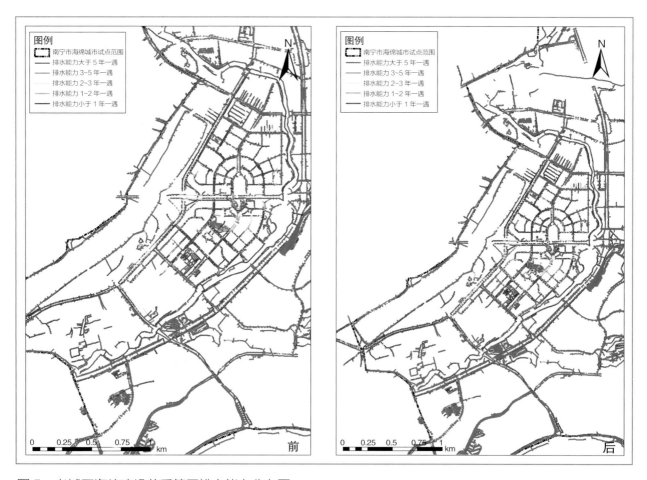

图5 老城区海绵建设前后管网排水能力分布图

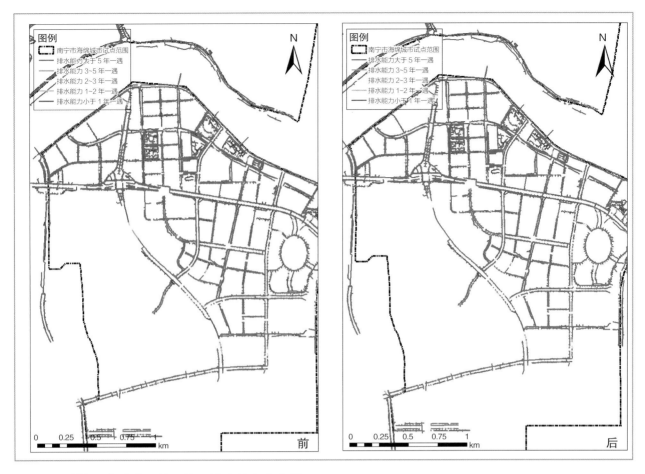

图 6   新建城区海绵建设前后管网排水能力分布图

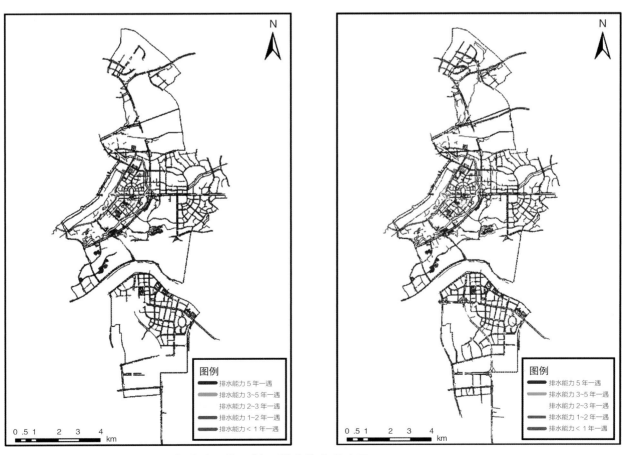

图 7   南宁市海绵城市示范区海绵建设前后管网排水能力分布图

投融资与建设运营模式创新

南宁市海绵城市试点区共有 3 个 PPP（政府和社会资本合作制）项目，包括南宁市竹排江上游植物园段（那考河）流域治理项目（简称"那考河项目"）、沙江河环境综合整治工程项目和南湖水质改善项目。其中，那考河项目是全国首个实行"按效付费"的内河流域治理 PPP 项目。

1 那考河项目建设背景

党的十八大以来，特别是十九大的召开，以习近平总书记为核心的党中央开启了新一轮全面系统、深层次、根本性的改革，取得了全方位、开创性的历史成就。城市建设投融资与建设运营模式改革提到了议事日程上，PPP 模式作为改革的一项具体举措脱颖而出，它极大地发挥了市场在资源配置中的决定性作用和政府在资源配置中的引导作用。在财政部推行基础设施及公用事业领域实行 PPP 模式的大背景下，南宁市委、市政府根据内河整治项目的进展情况、项目征地拆迁完成情况及所处流域的开发前景等因素，经过物有所值评价及项目准备工作的筛选，选定竹排江上游植物园段（那考河）环境综合整治工程作为南宁市 PPP 项目的试点项目。本项目自 2014 年 9 月启动以来，受到南宁市政府领导的高度重视，时任南宁市委常委、副市长的张小宏亲自抓项目的推进工作，并成立了以市政府副秘书长张沛为组长、以市属各职能部门领导为成员的 PPP 项目工作领导小组，工作组的日常工作由市水邕建设办（南宁市地下管网和水务中心）负责。通过实施本项目，恢复了那考河沿河两岸的生态景观，实现了满足人们休闲生活的需要及提升城市环境景观品质的总体目标。

2 "海绵 +PPP"双料模式的那考河流域治理

本项目总的模式思路：采用 PPP 模式中 DBFOT 模式的运作方式，引入有雄厚实力、具备行业先进技术经验和丰富运营管理经验的社会投资人与政府方合作 10 年，由社会投资人与政府代表单位组建项目公司，再由项目公司负责项目的设计、建设、投融资、运营和移交等工作，建设及运营中利益和风险共存，政府以按效付费的方式，通过绩效考核逐年支付服务费，从而减小了政府的风险和压力。

本项目具体实施内容：那考河流域治理工程河道整治范围为南起规划的茅桥湖北岸，北至环城高速路。治理主河道长 5.2 km，支流河道长 1.2 km，全长 6.4 km。项目包括河道整治工程、截污工程、污水处理工程、河道生态工程、河道沿岸景观工程、海绵城市示范工程和信息监控工程等 7 个子项工程内容。

项目总投资约 12 亿元，由中标单位北京城市排水集团有限责任公司负责投融资及设计、建设和运营维护等工作。项目的合作方式为北京城市排水集团有限责任公司与南宁建宁水务投资集团有限责任公司组建项目公司，出资比例为 9∶1，社会投资方负责项目建设的全部融资。项目合作期限为 10 年，其中 2 年建设期、8 年运营期。

项目的回报机制：项目为政府付费项目，主要回报来源于南宁市政府在项目运营期内采用购买服务的方式按效付费（含本项目所有工程的初始投资成本、资金占用成本及运营成本）；其次是项目公司通过经营河道项目的物业租赁、广告等获得收益。

本项目社会投资人采购过程：项目社会投资人采购的全过程均严格按照财金〔2014〕113号文件的相关规定及国家相关制度执行。一是项目准备阶段。按照《财政部关于政府和社会资本合作示范项目实施有关问题的通知》（财金〔2014〕112号）要求，由南宁市人民政府主导，组织政府相关部门（市水邕建设办、城乡建委、财政局、规划局、法制办及政府采购中心等）成立市PPP工作领导小组，建立高效、顺畅的工作协调机制，形成工作合力，为项目采购准备提供了有力保障。同时，聘请专业机构协助，确保示范项目操作规范。二是项目采购阶段。按照《国务院关于加强地方政府性债务管理的意见》（国发〔2014〕43号）和《财政部关于印发地方政府存量债务纳入预算管理清理甄别办法的通知》（财预〔2014〕351号）要求，政府负责将流域治理服务费列入政府跨年度财务预算，不给予项目公司融资担保，厘清了政府与企业的债务边界。三是采购文件修订期间。按照《财政部关于规范政府和社会资本合作合同管理工作的通知》（财金〔2014〕156号）要求，项目实施机构在PPP交易顾问机构的协助下，及时起草了采购文件附件PPP协议。四是采购方式的确定。依据《政府和社会资本合作项目政府采购管理办法》（财库〔2014〕215号）、《政府采购竞争性磋商采购方式管理暂行办法》（财库〔2014〕214号）文件规定，本项目采用的是竞争性磋商采购方式。总之，本项目在项目筛选、准备和采购等阶段，均严格落实了PPP各有关政策文件的相关规定（图1至图3）。在后续项目执行和项目移交阶段，也认真贯彻落实国家关于PPP顶层设计的各项制度规定。

图1 那考河河道综合整治技术路线

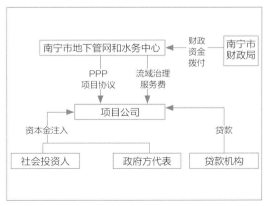

图2 项目交易结构图

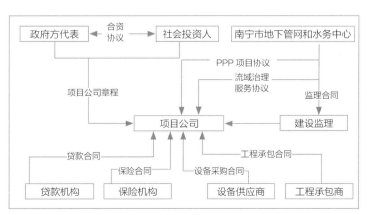

图3 项目合同结构图

3 项目建设的意义

一是促进风险分配优化。投资风险问题一直是工程能否顺利进行的关键问题。从该项目的实践可以得出如下结论：社会资本方为追求一定的合理收益，将自愿承担与其收益相对等的项目设计、投融资、建设、运营和维护风险。这样一来，政府在明确投资回报机制的同时，可以将绝大部分核心风险转移给更有能力管控它的社会资本方，从而切实降低风险发生的概率，减轻风险带来的损失，也促使政府下决心拍板进行那考河流域治理。如此风险分配框架符合最优风险分配原则、风险收益对等原则与风险有上限原则。

二是提高运营效率。项目是涉及河道整治、河道截污、河道生态改善及污水处理厂建设等多个子项的系统工程，对综合治理者的专业技术和管理水平的要求较高。通过引入专业社会资本，一来可有效解决政府方专业综合技术能力不足的问题，保障项目运营的可持续性；二来"让专业的人做专业的事"，政府部门和社会资本方通过合理分工和加强协调，在激励机制的作用下，可带来"1+1>2"的项目运营效果，有效提升了公共服务的效率。

三是节约全生命周期成本。从全生命周期考虑，项目采取 PPP 模式比采用传统模式更能起到节约成本的作用。一方面，社会资本方将设计和施工进行无缝对接（传统方式下为分开实施），在建设管理上更有优势，更重要的是，项目建成后仍由社会资本方继续负责运营，这一机制保证了社会资本方在质量优良的前提下尽可能降低建设成本和建设时间，因此也就避免了传统方式下的"三超"（竣工结算超施工图预算、施工图预算超设计概算、设计概算超投资估算）和豆腐渣工程。另一方面，项目后续运营管理是社会资本方的优势或专长所在，通过借助竞争程序，社会资本的报价将尽可能放大其在运营成本控制方面的优势。

四是发挥规模经济效益。项目涉及河道整治、雨水收储、污水处理及回用、沿岸景观、信息化监控、水体修复工程等系统工程。无论是在项目建设还是运营领域，"打包"操作有助于形成规模经济，发挥规模经济的优势，如成本下降、

管理人员和工程技术人员的专业化与精简、有利于新技术的开发等。

五是提升产业经济效益。本项目作为南宁市和广西的首个 PPP 项目，具有可复制性与示范效应，其经验可供南宁市乃至广西各地其他项目学习、借鉴。未来，项目公司可在本项目成功运作的基础上对外进行水环境综合治理技术、工程及运营服务的输出，推动相关上下游产业的发展，形成一个生态环境治理的产业链，为南宁市乃至广西的产业增加一个新亮点。

六是促进创新和公平竞争。本项目通过引入北控水务集团有限公司、北京市排水集团有限责任公司、北京城建道桥建设集团等多家社会投资人参与竞争，可以有效促成良好的公平竞争局面，通过充分竞争获得最优社会资本方报价方案。此外，本项目要求社会资本方自行提出具体的技术方案，为在竞争中占据有利地位，社会资本方将更加重视技术创新与成本节约。如此一来，也将有利于实现政府、企业、百姓的多方共赢。

4 在沙江河环境综合整治工程和南湖水质改善项目中不断完善 PPP 模式

一是项目建设准备时间更充足。为了使参与 PPP 项目的企业竞争更充分，在工程规划决策、按效付费细则落实、投资测算上应更细致，考虑得更全面、更仔细，给予社会投资人更多的时间及参与空间，让项目竞争更公平、竞争更充分。

二是对存在的风险认识更充分。由于 PPP 模式还处在发展初期，作为甲方的政府可能存在价格认识不足、监管环节不严等方面的风险。为尽可能地降低所面临的风险，我们在后续的工作中引入了专业的咨询机构，助推甲乙双方签订补充协议。通过借助第三方服务机构的力量，在选择社会资本、项目建设和项目运营等不同的阶段，加强自身管理能力的建设，推动环境治理 PPP 项目的真正落地，解决好当地急需解决的生态环境问题。

三是加强项目管理及标准制定。服务价格的确定是 PPP 项目交易结构中的核心问题，也是一直以来难以解决及专业度较高的问题。在

PPP 项目上，投资成本及服务价格可能存在信息公开不充分、参考标准的缺失问题，在沙江河环境综合整治工程和南湖水质改善项目中，政府通过聘用咨询机构，精细测算服务价格和标准，确保所购买的服务物有所值。

四是重点解决项目交易结构的核心问题。首先要解决项目收费问题。目前那考河治理项目的资金来源主要是政府财政支付，形成了项目的稳定支付体系，但尚未形成稳定的收费机制，这也是很多环境 PPP 项目面临的难点。如何把环境治理的外部收益内部化，还需要在今后的工作中加以探索。其次，对于环境绩效合同服务而言，需要解决投入成本与绩效指标间的关联问题。以上两个问题是环境绩效合同服务交易结构设计的难题，也是未来环境绩效合同服务项目需要解决及突破的关键点。那考河项目最核心的一点突破即按效付费，并有相应的惩罚机制。在沙江河环境综合整治工程和南湖水质改善项目中，我们考虑了建立激励机制，以推动企业的积极性。

5 项目建设的启示

一是在城市内河治理模式上，积累了水环境生态治理经验。那考河项目是广西首个水环境治理 PPP 项目，也是海绵城市建设示范项目，是在内河整治方面的一次模式创新。那考河 PPP 项目是在原河道综合整治的基础上，提出了"全流域治理"和"海绵城市"的理念。项目增加了流域污水处理工程、河道生态修复工程、海绵城市工程和信息化监控工程等新内容，解决了原项目分段治理模式不能彻底解决的水质改善和水量保持问题、初期雨水收集处理及利用问题、河道长效管理在线监控问题及污水处理后的回用问题，从流域片区综合考虑各种未来发展的需求，形成了系统性的可兼容运营利益的项目，这种理念将会在其他的河道治理项目中得以推广。

二是在海绵技术创新上，突出解决重点难点问题。那考河项目为城市内河黑臭水体治理和海绵城市建设结合的典型范例，具有红线狭长、地形起伏变化大、地质条件差及施工条件恶劣等显著特点，是河流沿线海绵城市建设的有益探索与实践。海绵城市建设用到截污管、调蓄池、污

水厂等灰色市政基础设施，将 7 mm 以下初期雨水全部截流处理，因地制宜地采用多样末端净化设施，如湿塘、透水铺装（广场或公园道路）、净水梯田（高边坡）、绿色屋顶（污水厂）、旋流沉沙器、溢流格栅和斜板拦渣器等绿色市政基础设施，做到"一河一策"，是对合流制排水系统末端净化设施应用的集中展示，是灰色市政基础设施和绿色市政基础设施的有机结合。

三是在考核模式上，首次采用"断面考核、按效付费"模式。那考河项目结合南宁市的实际情况，设定了水质、水量、防洪三大考核指标及评分标准，以及若干考核细则条款，为全面达到治理效果，需要社会投资方从工程、技术、建设投资、运营到最终处理效果进行整合，有效实现了考核向运营转移、风险向企业转移的初衷。该项目设置 4 个监控断面、2 个入河监控点，考核河道治理效果，总体上要求河道断面、污水处理水质需要达到地表Ⅳ类水、河道的补水量不低于污水量的 80%、河道行洪按 50 年一遇洪水标准设计。从考核上，按照环境效果付费是一个重大创新，这有利于实现环境改善和责任权利的统一，具有示范推广意义。

四是操作方式上，践行了 PPP 项目招标采购的新模式。那考河项目采用竞争性磋商形式进行采购，全程经历了物有所值评价和财政可承受能力论证，确定实行 PPP 模式，发布资格预审公告，开展市场测试（意见征询会），采购文件意见征询（磋商），最终采购文件澄清，首次响应文件磋商，最终响应文件评审，最终采购结果确认谈判，然后进行合同条款的谈判和确认，采购结果公示，发中标通知书等流程。竞争性磋商是 PPP 模式特有的一种全新的采购方式，这种方式充分反映了合作双方的沟通、磋商和真实的需求关系，体现了双方的真诚合作意愿，对竞标人而言，是一种可磋商的货真价实的竞争。其中，两个阶段的磋商、评审分别聘请不同的专家评审，体现了公开、公平、公正的竞争环境，为 PPP 项目日后建立专家库和完善 PPP 项目建设、运营监管起到了很好的促进作用，做到了"专业的人干专业的事"，从而达到了"物美价廉、物有所值"的目的。

B

成果篇

1

公园湿地

那考河湿地公园

项 目 地 点： 南宁市兴宁区天狮岭路
占 地 规 模： 721600 m²
完 成 时 间： 2017 年 2 月
项 目 业 主： 南宁市地下管网和水务中心
设 计 单 位： 北京市市政工程设计研究总院有限公司

[**特色**] 全国首个开工建设的水流域治理 PPP 项目。

[**简介**] 那考河是南宁市 18 条城市内河之一。"那考"在壮语里的意思是美丽绿色的水田，寓意环境优美。

[**问题**] 治理前，河道狭窄，行洪受阻；两岸有多处直排口，污水直排；垃圾乱堆，随降雨进入水体；部分河段河堤遭到破坏，土壤裸露，水土流失；部分河段开展农业种植和散养，农业面源污染严重。

[**效果**] 恢复公园河道沿岸全长约 6.6 km，河道拓宽，水质达到地表水Ⅳ类水质标准。河岸花海斑斓，内有休闲步道、亲水平台；水体与绿化融合渗透，岸上岸下景色绿化连贯，让民众与自然零距离接触，成为百姓休闲的好去处。

[**亮点**] 以"因地制宜、控源截污，内源治理、活水循环、清水补给、水质治理、生态修复"为技术路径，沿地势铺设梯田状的景观带，充分考虑了雨水的分级净化调蓄，通过小型叠水瀑布达到增氧的目的。此外，在河岸沿途设置旱溪、植草沟和潜流湿地等海绵化设施，对水体进行净化和调蓄，修复那考河流域水的生态环境。

那考河湿地公园

入口花园

小桥、流水、叠瀑，游人如织

主线治理前

主线治理后，色彩斑斓，景色宜人

主线施工前

主线施工后，河水清澈见底，水植葱绿茂盛

支线治理前

支线治理后，河道面宽广、整洁

治理后植物层次丰富

净水梯田

治理后上游河道景观植被层次丰富

潜流湿地，百亩蕉园

美人蕉

潜流湿地出水观测台　　　旱沟

潜流湿地，百亩蕉园

植草护坡和石阶

净水梯田

旱溪

雨水花园

草香、花香、水潺潺

石门森林公园

项目地点： 南宁市青秀区民族大道 118 号
占地规模： 632000 m²
完成时间： 2016 年
项目业主： 南宁市石门森林公园
设计单位： 中国城市规划设计研究院、南宁市古今园林规划设计院有限公司

[**特色**] 海绵设施齐全，利用公园空间接纳周边小区客水，是连片效应明显的海绵型森林公园。

[**简介**] 作为以森林游憩、休闲娱乐为主要功能的城市森林公园，石门森林公园充分利用自身处在东盟商务区与南宁国际会展中心接壤的地理优势，打造了南宁市城东的一道绿色屏障。

[**问题**] 治理前，公园内外水资源利用率低，尤其是在周边地势较高的住宅小区，大量的雨水资源进入地下管道白白流走。与此同时，公园内景观生态用水在旱季时却无法得到有效保障。

[**效果**] 利用公园良好的生态本底，合理组织和引导雨水径流，通过雨水湿地、雨水花园、旱溪和绿地等生态净化设施，减少径流污染，达到海绵控制指标要求。

[**亮点**] 创新提出"客水断接"理念，将公园绿地和周边小区作为整体进行海绵化改造，充分发挥协调机制作用。

绿茵休闲步道

湖边栈道，葱郁幽静

挺水种植与湖岸种植交相辉映

雨水花园（一）

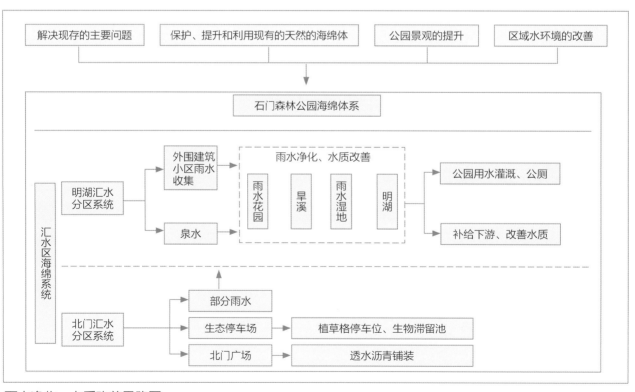

雨水净化、水质改善思路图

花园雨水处理示意图

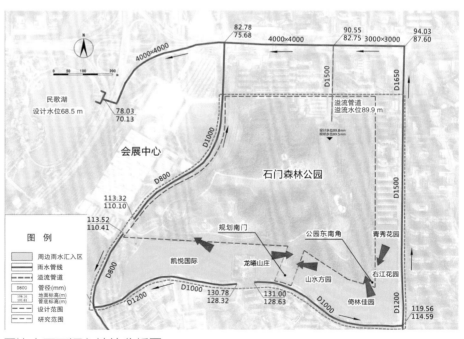

周边小区可汇入地块分析图

雨水花园（二）

旱溪雨水湿地雨水处理示意图

旱溪

湿塘

雨水花园（三）

生态停车场

清澈溪水

透水健康步道

开口路缘石，将路面雨水引入绿地

雨水口

公园南门治理前

公园南门治理后，加强了阶梯渗排水功能和夹道绿化设施

湿塘

公园内的泉水

叠瀑起充氧、净化水质作用

雨水湿地

摄影爱好者的天堂

旱溪小景

人工湿地

南湖公园

项目地点： 南宁市青秀区双拥路
占地规模： 852000 m²
完成时间： 2017 年（海绵化综合改造工程）
项目业主： 南宁市南湖公园
设计单位： 南宁市古今园林规划设计院有限公司

[特色] 南湖是南宁市城区内最大的内湖，是南宁市多个浅水湖泊中最耀眼的一颗明珠。

[简介] 南湖公园位于青秀区东南面，是一个融水体景观、人文景观、亚热带园林风光于一体的公园。南湖明净如镜，碧波潋滟，湖面犹如一颗明珠镶嵌在绿城。环湖有长达 8.17 km 的健康步道和丰富的绿地景观。环湖绿地广种亚热带花卉，具有南国特色的棕榈、蒲葵、槟榔等植物，还有 3 个"园中园"，种植了 200 多种名贵中草药及名贵花卉。

[问题] 治理前，有多处隐蔽的污水直排口，湖底污泥淤积，湖泊水质波动；环湖道路排水不畅，部分路段积水。

[效果] 污染直排口彻底消除，淤泥异地处置，南湖水环境大幅度改善。透水铺装、雨水花园等措施不但能够有效控制径流污染，还能够削减峰值径流量，延缓径流时间，下渗雨水提供了植物需要的水分。南湖公园成为百姓锻炼、休闲的场所和青少年环境保护教育基地。

[亮点] 通过海绵化措施和湖体截污、清淤工程的有效结合，达到了水质改善和景观提升的双重目标。

壮乡"绣球"音乐喷泉，起水体调蓄作用

雨水经过绿植花卉带过滤，补充喷泉景观用水

多层次植被带，让湖水更干净

公园一角

九孔桥贯通南北

湖底清淤工程

雨水经透水沥青层、两侧绿地及植草沟过滤净化，渗排入南湖

红黑相间的环湖健康步道

治理前

治理后

治理前

治理后

环湖健康步道治理前后对比

小雨不湿鞋

亲水健康步道，边休闲运动，边赏美景

生态停车场

定期清洗，让步道透水功能得以发挥

高楼环绕，闹中取静

生物滞留带与旱沟相结合

旱塘（一）

旱塘（二）

旱塘（三）

植草沟溢流口

雨水花园

透水休闲步道

五象湖公园

项 目 地 点： 南宁市良庆区玉洞大道
占 地 规 模： 1220053 m²
完 成 时 间： 2016 年 12 月
项 目 业 主： 南宁市五象湖公园
设 计 单 位： 南宁市古今园林规划设计院有限公司

[特色] 目前南宁市最大的公园，广西第三届园林园艺博览会的举办点。

[简介] 五象湖公园位于五象新区核心区，地势低于周边地区，北邻广西规划馆、广西美术馆，东靠广西体育中心，西邻五象岭森林公园。五象湖内共有 3 个湖：金象湖、银象湖和玉象湖。

[问题] 此前公园的铺装多以花岗岩为主，透水性较低，入口广场铺装面积较大，雨水无法漫流到绿地。此外，道路虽然采用渗沟排水，对大颗粒污染物有一定拦截作用，但一定时间后容易堆积淤泥，造成积水。

[效果] 公园分为建筑雨水消纳、广场雨水消纳、园内道路雨水消纳、客水雨水消纳及湿地净化等 5 个功能分区。降雨时，公园能够吸收、积蓄、渗透、净化雨水，补充地下水、调节水循环，解决了广场、道路的积水问题，并控制区域内的雨水不外排；干旱时，公园能够将蓄积的水释放出来，让水回归大自然。

[亮点] 设计重点突出海绵城市建设中"滞""渗""净"三大环节，着重对雨水净化和水环境的改善，创建生态公园。通过合理的布局雨水消纳设施，划分多个汇水分区，使园内收集的雨水在汇水分区内能滞留并自行消纳、净化、蓄存，为五象湖节省更多的雨水调蓄空间；对来自园外的客水进行自然净化处理后排入五象湖。

多层次植被铺设的叠水阶梯（一）

多层次植被铺设的叠水阶梯（二）

雨水经过阶梯流入湖体

夕阳余晖，湖面如镜

雨水湿地植被层次丰富美观（一）

雨水花园 小型雨水花园

雨水景观带收集周边雨水径流

雨水花园中的鹅卵石可防止雨水冲刷泥土（一）

雨水花园中的鹅卵石可防止雨水冲刷泥土（二）　雨水湿地植被层次丰富美观（二）

透水步道、植草沟与绿色景观完美结合

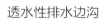

透水性排水边沟

透水步道

跌水景观带

旱溪

湿塘

青秀山公园

项 目 地 点:	南宁市青秀区青秀山
占 地 规 模:	119000 m² (兰园二期); 929800 m² (涵养林)
完 成 时 间:	2017 年
项 目 业 主:	南宁青秀山风景名胜旅游开发有限责任公司
设 计 单 位:	南宁市古今园林规划设计院有限公司 (兰园二期)、华蓝设计 (集团) 有限公司 (涵养林)

[特色] 公园林地、景观、水体修复治理、雨水调蓄回用与海绵设施的完美结合。构建"山水林田湖草"生命共同体。

[简介] 青秀山风景区是集风景名胜游览、南亚热带特色植物展示、科普教育于一体的国家 AAAAA 级风景区,也是南宁城市生态环境建设的示范区,被称为南宁市的"绿肺"。

青秀山兰园海绵城市建设工程通过外围设置截水沟,山体雨水流过旱溪、植草沟消能,再经过绿地和层级梯田过滤后进入湖体。湖体通过生物与生态系统净化水体,再回用于绿化灌溉。"渗、滞、蓄、净、用、排"方式各种海绵措施齐全。

青秀山涵养林海绵化改造工程依据海绵城市建设的目标与方法,结合项目所在区域面积大、绿化植被好、局部山体陡、土壤渗透条件一般、景观水体面积大、旅游景点景观好的特点,强调采用"渗、滞、蓄、净、用、排"的方式,改造重点在"蓄、渗、净、用",避免对林地、绿地、原有水体和水系造成破坏。

[问题] 海绵化改造前存在山体雨水随意冲刷，局部土壤裸露，水土流失；景观水体水质差，雨水调节能力差，景观效果差；雨水资源流失，景观绿化灌溉水源短缺；海绵城市建设相关指标不达标等问题。

[效果] 海绵化改造后，重新规划了山体雨水径流路径，修复绿化了塌方地面；增加了水体调节容积，达到了调节山洪和雨水集蓄利用的效果。通过种植水生植物和投放鱼类等水生动物的绿色生态方式净化水体，水体污染得到治理；利用水体蓄水、设置高位水池与管道，积蓄的水用于景观灌溉用水。

[亮点] 在尊重原有林地和水体的基础上，规划雨水径流与集蓄利用设施；水体治理以适合南方多雨地区的绿色生态处理方式，挺水植物和周边景观交相辉映，沉水植物和水生动物形成优美的水下森林景观，生态达到平衡。项目建设除了满足海绵化指标，还筑造了以大面积水体为景观中心，集生态建设、观光鉴赏、科普科教为一体的海绵化示范景区。

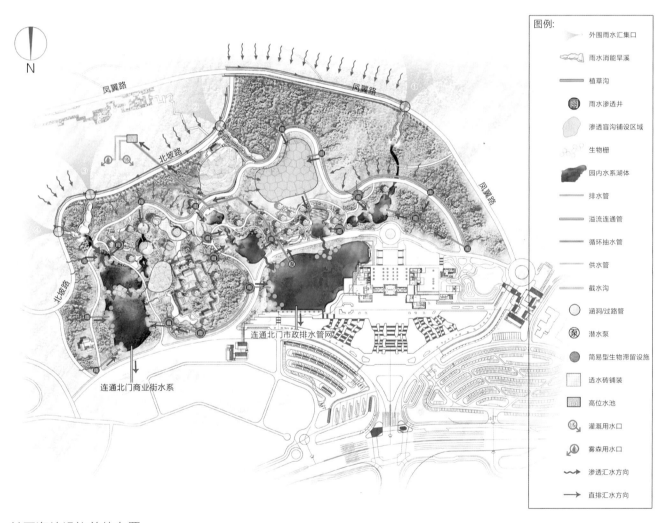

兰园海绵设施总体布置

跃级水池景观效果

五级跌水景观水池

水体与景观相结合

芳池建设后景观效果

挺水植物、沉水植物与景观相结合

景观、水体完美结合

过水踏步

植草格下部设置穿孔排水管排除绿地雨水

透水铺装与卵石排水沟设置

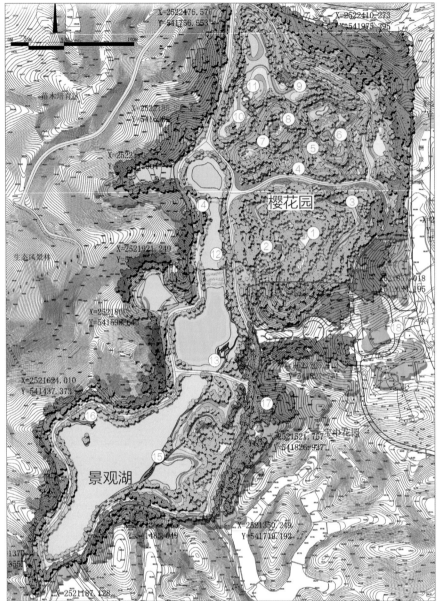

涵养林项目景观湖与樱花园

植草沟雨水经过沉沙后排入景观水体示意图

景观水体分为四级水塘，前置塘主要受纳山体雨水和对水体进行沉淀、净化

各级水塘中设置挺水植物、浮水植物、沉水植物和浮生动物，使景观水体得到净化

复杂型生物滞留设施净化雨水后排入景观水体，起到向游人宣传海绵城市的效果

山体雨水消能池与植草沟连接

植草沟大样

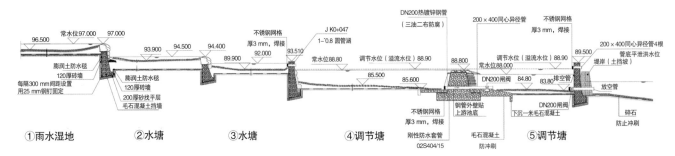

四级景观湖水位高程控制，保证景观效果与调蓄容积

景观水塘的挺水植物

良好的水质和水生植物构成和谐景观

凤岭冲沟

项目地点： 南宁市青秀区凤岭冲沟流域
占地规模： 河道长度 4000 m
完成时间： 2018 年
项目业主： 南宁建宁水务投资集团有限责任公司
设计单位： 华蓝设计（集团）有限公司

[**特色**]　"黑臭水体，问题在水里、根子在岸上、关键在排口"，本工程是南宁市第一批采用"控源为本，截污优先"治水思路进行黑臭河道整治的项目。

[**简介**]　凤岭冲沟位于南宁市民族大道北侧凤岭北片区，起于枫林路东面的亭建岭，出口经竹溪大道排入西面的竹排冲，沟道全长 4000 m，为季节性黑臭水体，其周边区域均为城市建城区。凤岭冲沟水生态提升工程分两期：一期工程重点是管网错接漏接改造，实现控源截污；二期工程通过对河道进行综合整治，全面提升水生态环境，达到《水污染防治行动计划》的要求。

[**问题**]　凤岭冲沟水体黑臭，两岸杂草丛生，景观效果差，与城市周边环境极不协调。冲沟流域采用雨污分流系统，对竹排江流域的水质造成不良影响。通过系统管网排查，发现冲沟流域有 131 个错接点，暗渠内有 42 个错接点，凤岭冲沟排至竹排江的水量约为 50000 m³/d，COD（化学需氧量）平均值为 76 mg/L，污染严重，其中凤岭冲沟明渠两侧共计有 7 个雨水排口直接向冲沟排入大量污水。

［效果］ 经监测，通过管网错接漏接改造后，凤岭冲沟排入竹排江的水量降低至 16000 m³/d，COD 降低至平均值 46 mg/L。排水量削减 68%，污染物浓度削减 40% 左右；在一期工程完工后，排至竹排江水量可降低至 12000 m³/d 以下，水体黑臭问题得到缓解。二期工程可进一步消除水体黑臭问题，增强河道自净能力。

［亮点］ 一期工程利用流量和水质监控等技术手段，排查摸清排水管网雨污混接情况，针对错接漏接点进行系统改造，实现"精准排查、精细设计、精细改造"，控源截污效果明显。二期工程通过清淤补水、初雨调蓄、生态岸带修复及污水收集处理等措施，系统改造提升河道自净能力。

凤岭冲沟流域范围

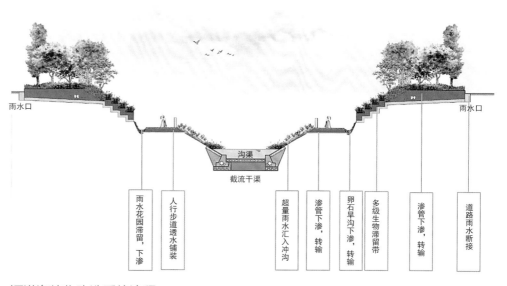

河道海绵化改造系统流程

整治前，冲沟两岸杂草丛生，与周边城市环境不相协调

水体黑臭

河道整治前

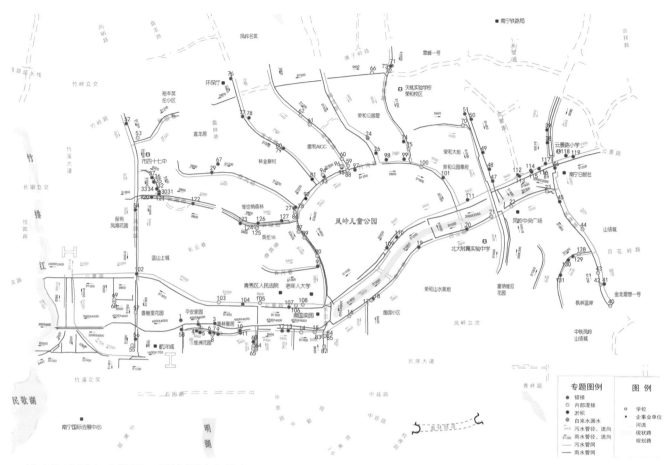

凤岭冲沟流域市政管网及错接混接点分布

整治后生态岸带净水效果

净水梯田

透水步道和雨水花园，可消除雨水面源污染

生态提升景观效果

2

建筑小区

广西体育中心

项目地点： 南宁市良庆区五象大道 669 号
占地规模： 646077 m²
完成时间： 2016 年 3 月
项目业主： 南宁威宁资产经营有限责任公司
设计单位： 华蓝设计（集团）有限公司

[**特色**] 南宁市最大的文体设施海绵化改造工程。

[**简介**] 广西体育中心位于南宁市五象新区核心区域，北邻邕江，与青秀山隔江相望，是南宁市有史以来
规模最大、设计功能最全、建设标准最高的现代化体育设施，如今已成为南宁市的新地标之一。

[**问题**] 第一是污染问题。污染物浓度较大，初期雨水直排良庆河、邕江，污染了水体的生态环境，造成
面源污染问题。第二是积水问题。五象大道体强路交会处地势较低，并且下游管网不完善，存在
积水问题，而体育中心建成区硬化面积较大，排水采用传统快排模式设计，雨水快速外排，对积
水有间接影响。第三是水资源问题。跳水游泳馆泳池总容积约 8000 m³，泳池排空时，泳池水
直接外排，造成水资源浪费。

[**效果**] 治理后，雨水能够经过海绵措施进行蓄存、下渗、净化，降低对良庆河和邕江的污染，减轻五象
体强路口积水；对雨水及泳池放空水进行收集、过滤及回用，提高水资源利用率。

[**亮点**] 阶梯式生物滞留带顺势而为，植草沟、下沉式绿地、生态停车场及雨水收集利用池等多种海绵措
施错落分布，大大减少了雨水径流与初期雨水污染。

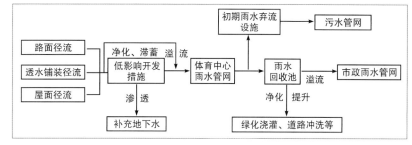

低影响开发雨水系统流程

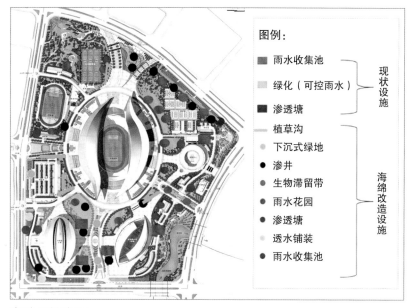

海绵设施布局

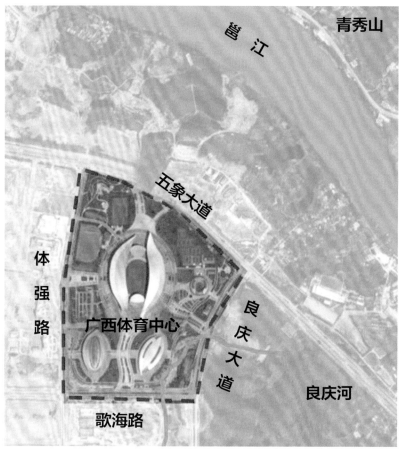

项目区位图

广西体育中心鸟瞰

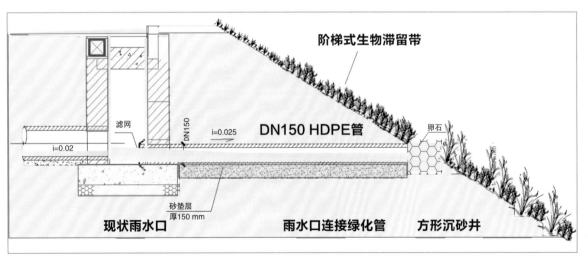

阶梯式生物滞留带

滤网

DN150

i=0.02

i=0.025

DN150 HDPE管

卵石

砂垫层
厚150 mm

现状雨水口　　　　　　雨水口连接绿化管　　　　方形沉砂井

雨水口断接剖面

广西体育中心网球馆鸟瞰

生物滞留带构造

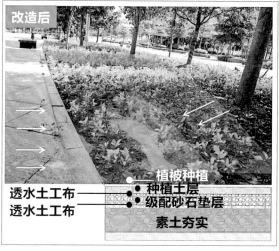

下沉式绿地构造

生物滞留带

植草沟

生态停车场（一）

生态停车场（二）

南宁国际会展中心

项 目 地 点： 南宁市青秀区民族大道与竹溪立交交会处
占 地 规 模： 360000 m²
完 成 时 间： 2016 年 8 月
项 目 业 主： 南宁国际会展有限公司
设 计 单 位： 华蓝设计（集团）有限公司

[特色] 完善排水系统，见缝插绿，传播"尊重自然，回归自然，与水共生，生态会展"的新理念。

[简介] 南宁国际会展中心是南宁市的标志性建筑、东盟博览会永久会址，具有国际影响力。南宁国际
会展中心海绵化项目充分利用场地条件，新旧建筑结合，与周边区域结合，采用屋顶绿化、透
水铺装、植草沟、下沉式绿地及蓄水池调蓄回用等海绵设施，围绕"渗、蓄、滞、净、用、排"
的方针合理布置海绵设施，采用源头削减、中途转输、末端调蓄等多种手段，改善了下垫面和
雨水排放系统，消除内涝和安全隐患，截流雨水污染物，改善民歌湖水质，同时将雨水回用于
绿化灌溉，实现城市良性水文循环。

[问题] 硬化面积较大，绿地率仅为 24%；面源污染严重，影响临近的民歌湖水质。

[效果] 年径流总量控制率由 22% 提高到 65%，年径流污染物削减率由 30% 提高到 70%，雨水利用
率提高到 60%，峰值径流系数由 0.66 降低到 0.50。雨水径流和污染得到有效控制，景观效果
大幅提升。

[亮点] 在硬化面积大且不允许大范围改动景观设计的前提下，根据海绵城市总体规划，与周边石门森
林公园及竹溪立交等区域海绵化改造联动，合理确定南宁国际会展中心海绵化改造指标；对原
有雨水系统进行改造，采用源头削减、中途转输、末端调蓄及坡地雨水设置生物滞留带滞留雨
水污染物等多种手段，减少雨水对民歌湖的污染。

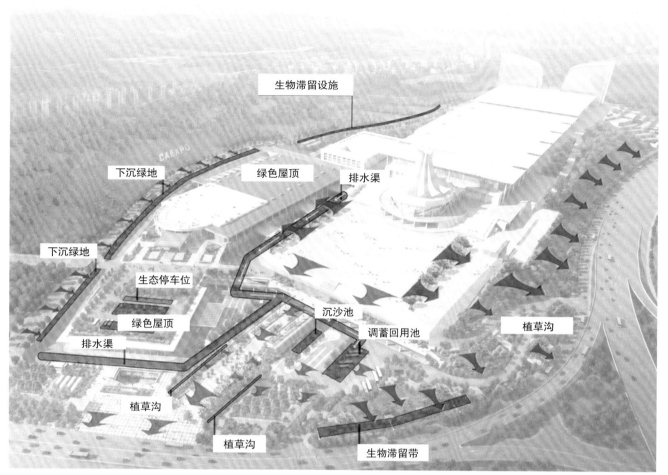

生物滞留设施

下沉绿地 绿色屋顶 排水渠

下沉绿地

生态停车位

绿色屋顶 沉沙池

排水渠 调蓄回用池 植草沟

植草沟

植草沟 生物滞留带

海绵设施布置

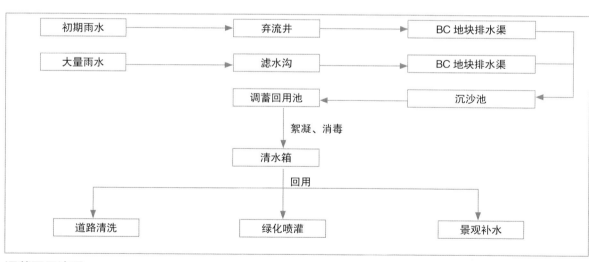

| 初期雨水 | → | 弃流井 | → | BC 地块排水渠 |

| 大量雨水 | → | 滤水沟 | → | BC 地块排水渠 |

调蓄回用池 ← 沉沙池

絮凝、消毒

清水箱

回用

道路清洗　　绿化喷灌　　景观补水

调蓄回用流程

C 馆绿色屋顶布置

屋顶绿化

屋顶绿化节水喷灌喷头　盆栽屋顶绿化大样

5 年一遇流量
2 年一遇流量
高规范层
草皮
种植土（200~300 mm）
砾石（100~200 mm）
土工布
素土夯实（密实度 90%）

道路雨水植草沟

植被种植
300 mm 厚生物过滤介质
300 mm 厚回填土层
150 mm 厚级配砂石垫层（压实系数大于 0.87）
素土夯实（密实度 ≥ 85%）
透水土工布
透水土工布
接至原有雨水井

下沉式绿地

停车场透水砖铺装

慢行步道透水砖地面

慢行系统

截流坡地雨水污染的生物滞留带

溢流口
200~250 mm 蓄水层
种植土（草本植物≥ 600 mm，
乔木≥ 1200 mm，灌木应≥ 900 mm）
碎石垫层
防渗膜

广场雨水生物滞留带实景图

雨水滞留带

雨水过滤罐

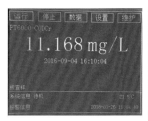

雨水处理后出水水质

绿地节水灌溉喷头　　节水灌溉

雨水回用泵组及清水箱

南宁国际会展中心成为海绵城市建设的教育基地

五象山庄

项 目 地 点： 南宁市良庆区秋月路 9 号
占 地 规 模： 160132 m²
完 成 时 间： 2015 年 7 月
项 目 业 主： 南宁威宁资产经营有限责任公司
设 计 单 位： 中国中元国际工程有限公司

[**特色**] 湖景、山水、建筑与海绵设施相结合。
[**简介**] 五象山庄坐落于南宁市五象新区核心区，以接待、会议功能为主，是面向社会多种需求的综合性建筑。项目秉承"规划设计引领低影响开发，建筑设计适应地域性特征，绿色建筑实现全方位节能，雨水设计打造海绵城市"的设计理念，充分结合建筑、景观与地形，采用透水铺装、植草沟、渗透排水沟、屋顶绿化、雨水断接和人工湿地等海绵化措施进行改造。
[**问题**] 海绵化改造前存在雨水冲刷，景观水体水质差，雨水资源流失等问题。
[**效果**] 海绵化改造充分利用原有地形，雨水采用"渗、滞、蓄、净、用、排"等措施，净化后流入景观湖水体，效果良好。
[**亮点**] 充分利用原有地形，开发与利用雨水资源，使建筑、山水、海绵设施与景观和谐统一。

旱塘、水沟、步道与景观结合

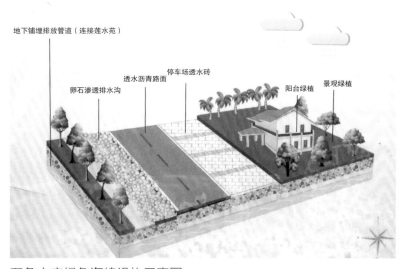

五象山庄绿色海绵设施示意图

卵石排水沟排除建筑和坡地雨水　　建筑雨水断接消能后进入卵石排水沟　雨水立管下部设消能池

下凹绿地作为大型植草沟排除建筑及周边场地雨水

排除建筑与场地雨水的卵石排水沟

排除大面积建筑和场地雨水的排水沟，小雨时雨水在卵石
排水沟内，大雨时在植草沟大沟内

卵石排水沟接纳坡地与建筑排水

旱沟下雨时接纳雨水，不下雨时景观优美

旱溪接纳山体与道路雨水

道路与山体雨水排水不设雨水口，直接排入旱溪

卵石排水沟接纳坡地与道路排水

绿化间的卵石排水沟

卵石排水沟接入旱塘

旱溪边种植耐水耐旱植物

小型湿塘

雨水经过梯级跌水后进入旱塘

场地雨水透过步道进入斜坡绿地排水沟排走

停车场透水地面

透水砖路面铺装

屋面植物与排水沟设置

雨水经过初步处理后进入小区景观水体

景观水体种植的亲水植物美化景观，也起到了净化水体的作用

南宁市第三中学

| **项 目 地 点：** 南宁市青秀区青山路 5 号
| **占 地 规 模：** 145100 m²
| **完 成 时 间：** 2015 年 12 月
| **项 目 业 主：** 南宁市教育基建安装工程公司
| **设 计 单 位：** 华蓝设计（集团）有限公司

[**特色**] 结合建筑环境和校园特点的海绵化改造项目。

[**简介**] 南宁市第三中学是南宁市重点高中，位于南宁市海绵城市试点雨水综合利用区内。本项目采用透水铺装、绿色屋顶、生物滞留带、末端调蓄池、雨水回用于绿化灌溉与冲厕等海绵设施，成为海绵城市的学校科普教育基地。

[**问题**] 存在雨水没有得到有效控制、局部积水内涝、雨水资源没有得到有效利用及海绵城市评价指标不达标等问题。

[**效果**] 海绵化改造后雨水径流与污染得到有效控制，解决内涝问题，雨水资源得到有效利用。年径流总量控制率由 51% 提升至 75%，污染物去除率由 45% 提高至 52%，景观效果也得到较大提升。

[**亮点**] 把存在的问题与海绵措施紧密结合，系统合理地完成海绵化改造目标，景观效果得到较大提升；在进行校园海绵化改造的同时，对学校进行园林示范、文化提升和环保素质教育建设，成为校园海绵城市科普教育典范。

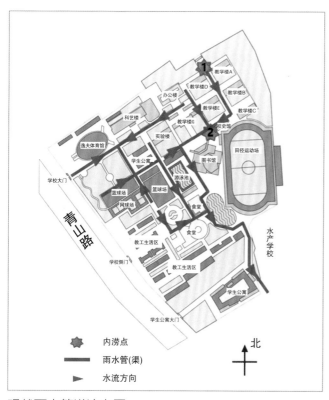

现状雨水管道流向图

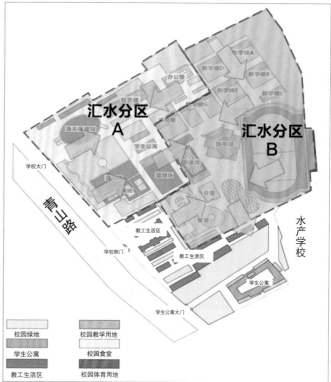

汇水分区图

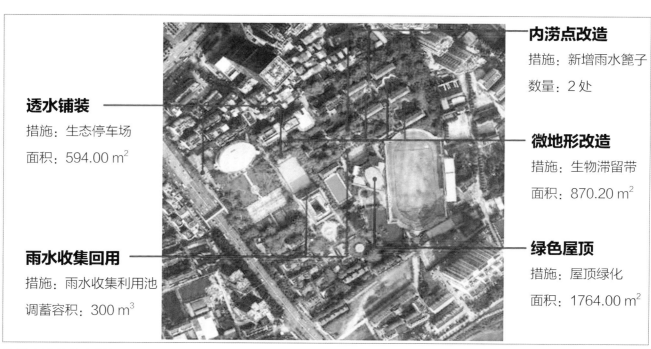

透水铺装

措施：生态停车场

面积：594.00 m²

雨水收集回用

措施：雨水收集利用池

调蓄容积：300 m³

内涝点改造

措施：新增雨水篦子

数量：2 处

微地形改造

措施：生物滞留带

面积：870.20 m²

绿色屋顶

措施：屋顶绿化

面积：1764.00 m²

海绵改造总体布置图

彩色面植草砖
中粗砂
碎石垫层
素土夯实

渗透管　　　过滤织物

水体与景观生态停车场相结合

植草沟

生态停车场

下沉式绿地

生物滞留带

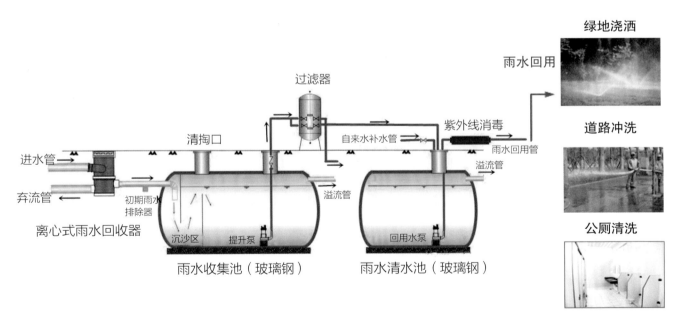

过滤器

清掏口

绿地浇洒

雨水回用

紫外线消毒

自来水补水管

雨水回用管

进水管

溢流管

弃流管

初期雨水
排除器

离心式雨水回收器

沉沙区　提升泵

溢流管

回用水泵

道路冲洗

公厕清洗

雨水收集池（玻璃钢）

雨水清水池（玻璃钢）

雨水收集回用流程示意图

透水路面

透水铺装

绿色屋顶改造前

绿色屋顶改造后

改造后校园一角

硬化地面增加雨水下渗空间

改造后优美的校园环境

铺设植草砖改善地面渗透性

雨后校园清新怡人

南宁市政协办公区

项 目 地 点： 南宁市青秀区滨湖路 50 号
占 地 规 模： 13462.52 m²
完 成 时 间： 2017 年 6 月
项 目 业 主： 南宁威宁资产经营有限责任公司
设 计 单 位： 华蓝设计（集团）有限公司

[特色] 办公建筑环境特点和海绵化改造相结合的项目。

[简介] 南宁市政协办公区位于南宁市滨湖路，紧邻南湖，地处南宁市海绵城市建设示范区内。南宁市政协办公区建于 1998 年，主要由综合楼、多功能厅和宿舍等组成，场地内绿化率为 16.5%，硬化率为 48.5%。本项目通过雨水断接、绿色屋顶、生物滞留带和雨水回收利用系统，结合景观进行改造，海绵化改造效果突出。

[问题] 南宁市政协办公区在改造前硬化面积大，排水不畅，存在部分积水点；场地雨水为传统模式排放，雨水径流污染重，影响南湖水质；雨水资源没有得到充分利用。

[效果] 本项目通过源头减排、下渗集蓄和净化利用的方式，促进了雨水在场地内的存蓄、渗透及净化；减少了雨水初期径流对城市水环境的污染并消除了场地积水问题，结合景观的可视化表现手法，有效改善了办公环境。

[亮点] 本项目为既有建筑改造，采用轻质绿色屋顶，减少对屋面负荷的影响，并结合屋面景观设计，打造蓄水净水、会呼吸、景色优美的多功能屋面；通过雨水收集净化，就地回收用于绿地浇灌，节约水资源；贯彻"精细化设计、精细化施工、精细化管理"理念，成为南宁市办公区海绵化改造的典范。

改造后总体效果

工人在施工植草沟

路面雨水断接入植草沟

屋顶雨水断接

绿色屋顶

改造前的屋顶

改造后的绿色屋顶

改造前的内庭，大面积硬化铺装

改造后的内庭实景，采用下沉式绿地

内庭下沉绿地，以南宁市市花朱槿花为象征

内庭改造方案效果图

改造后，室外采用透水铺装

改造前，室外广场采用硬化铺装

南宁市博物馆

项目地点： 南宁市良庆区龙堤路 15 号
占地规模： 60943 m²
完成时间： 2016 年 6 月
项目业主： 南宁市纵横时代建设投资有限公司
设计单位： 华蓝设计（集团）有限公司

[**特色**] 南宁市博物馆是南宁市具有展示、教育意义的开放性场馆，其海绵化改造工程是海绵设施与展馆完美结合的案例，也是南宁市五象新区首个海绵改造的示范性重点工程。

[**简介**] 南宁市博物馆是以教育、展示、收藏和研究南宁市历史文化遗产为主的地方综合性博物馆，总建筑面积为 30800 m²，其中展厅面积为 12000 m²，处在海绵城市建设高强度开发示范区内。利用博物馆建筑所处位置较高的特点，引导雨水流向周边水体与海绵设施，采用透水铺装、下沉式绿地、雨水花园、植草沟、雨水调蓄和雨水断接等多方位措施实现小区内雨水控制与污染物去除。

[**问题**] 雨水径流及污染没有得到有效控制，硬化面多，雨水资源没有得到利用。

[**效果**] 结合建筑和景观合理设置海绵设施，引导屋面与硬化地面雨水经过绿色海绵设施净化后入渗，进入景观湖补水或者回用于景观灌溉，实现了雨水径流与污染控制、水资源化利用，达到海绵化控制指标的要求。2016 年开馆以来，社会反映良好，网络及媒体相继报道，取得普遍好评。

[**亮点**] 为市民提供了一个集科普教育和休闲活动于一体的优美景观环境。南宁市博物馆海绵化改造工程结合建筑、景观与现状地形，合理布设生态型海绵设施，使海绵设施与环境景观完美结合，既实现了海绵城市目标，又提高了环境质量，还能将园区游览路线与海绵设施相结合，利用博物馆本身的科普功能，在室外设置海绵科普游览路线，向游客传播海绵城市理念。

草地高

地面低

改造前缺少海绵设施，雨水流不进绿地

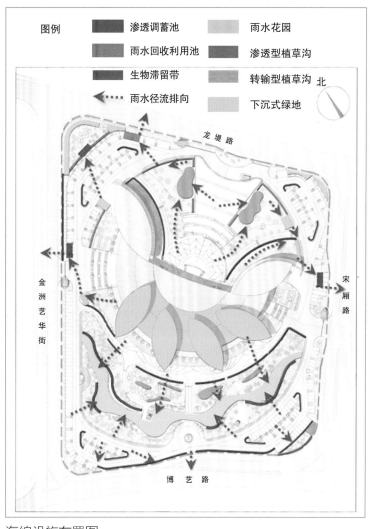

海绵设施布置图

改造后景观优美，雨水得到利用，湖水水质改善

主入口雨水花园布置

雨水花园断面示意图

广场雨水流过路牙进入雨水花园

雨水通过改造后开口路缘石进入绿地

下沉式绿地

下沉式绿地布置

植草沟

植草沟与下沉式绿地结合

停车场植草砖铺装

雨水经过周边绿地与土壤净化后进入湖体

生物滞留带

人工湖驳岸设置生物滞留带

雨水经调蓄和净化后回用于景观绿化

改造后湖体由雨水补水，水质也得到改善

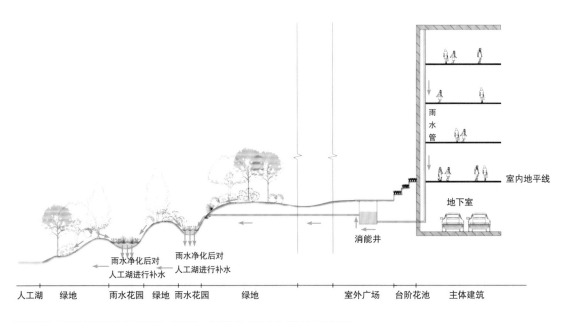

屋面雨水消能后断接至雨水花园，经净化后进入湖体示意图

湖体景观得到改善

裕丰英伦小区

项 目 地 点：	南宁市青秀区凤翔路 18 号
占 地 规 模：	66000 m²
完 成 时 间：	2016 年 8 月
项 目 业 主：	南宁市青秀区住房和城乡建设局
设 计 单 位：	南宁市城乡规划设计研究院有限公司

[特色] 绿色建筑与海绵城市相结合的建筑小区。

[简介] 裕丰英伦小区获得绿色建筑二星级认证，是广西首个绿色建筑示范工程试点项目。2015 年，小区实施了海绵化改造，主要采用植草沟、生物滞留池和雨水收集回用一体化设备，结合原有绿色建筑设置的人工湿地进行中水和初期雨水处理及回用。

[问题] 硬化面积大，透水铺装效果不好，现有设施无法满足海绵城市的建设要求。

[效果] 在绿色建筑雨水利用设施基础上进一步优化，达到了削减污染负荷、节约水资源、建设绿色生态环境的目标。

[亮点] 在原有绿色建筑基础上完善海绵设施，合理利用雨水资源，充分体现绿色环保，美观舒适，人与环境和谐相处的生态环境。

景观水池边上是刚修剪过的人工湿地

景观水体经过人工湿地循环处理

廊顶雨水进入景观水池

雨水经过沟边生物滞留带净化后进入景观水体

景观水体旁的雨水花园

处处是雨水花园

透水铺装与雨水花园

绿地、透水路面和景观水体共同收集与净化雨水

雨水花园有喷灌设施

绿地采用节水型喷灌系统

小区道路旁绿地与透水砖地面

人行步道透水地面

透水路面、绿地与卵石排水沟

路边小型植草沟

卵石排水沟

绿色家园

庭院透水地面

停车位透水地面

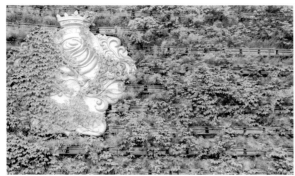

垂直挡土墙立体绿化

人工湿地处理中水和初期雨水

立体绿化

云星钱隆首府小区

项目地点： 南宁市良庆区金龙路 8 号
占地规模： 85467 m²
完成时间： 2017 年底
项目业主： 广西怡华房地产开发有限责任公司
设计单位： 华蓝设计（集团）有限公司

[**特色**] 结合住宅建筑、景观与海绵城市的特色要求，打造南宁市海绵化精品住宅小区。

[**简介**] 云星钱隆首府小区位于南宁五象新区核心区，主要由高层住宅、公寓和裙房沿街商铺组成。采用建筑雨水断接透水铺装、屋顶绿化、植草沟、下沉式绿地、雨水回收利用于灌溉、地下室顶板覆土层设置滤水板和盲管等海绵设施。

[**问题**] 海绵化改造前存在雨水没有得到有效控制、雨水资源浪费和海绵城市建设相关指标不达标问题。

[**效果**] 海绵化方案与项目实际情况相结合后，雨水径流得到控制，充分利用雨水资源，达到海绵城市建设指标要求，实现建筑、景观与海绵设施协调的和谐社区目标。

[**亮点**] 海绵设施结合实际地形，与景观融为一体，良好的环境改善了居住条件，提升了居民生活幸福感；雨水收集系统完善，雨水径流清晰，雨水资源得到净化和有效利用，实现了海绵设施精细化设计施工的理念。

小区地下室顶板覆土 1200 mm，内设透水盲管，满足植物生长与排水要求

硬化铺装设置植草带体现绿色理念

海绵措施与绿色景观相结合

合理设置地形有利于雨水汇流与渗入

绿色护坡与植草带硬化地面相结合

透水砖路面、植草沟与绿地完美结合（一）

透水砖路面、植草沟与绿地完美结合（二）

停车位透水铺装，地下设有雨水调节池及回用水泵设备

屋面雨水断接设置卵石消能后进入绿地

屋顶绿化

下沉式绿地

植草沟

下沉式绿地与植草沟结合

下沉式绿地与雨水花园

下沉式绿地雨水溢流口

局部设置卵石排水沟

雨水花园

149

3

道路立交

竹溪立交桥

| **项 目 地 点：** 南宁市青秀区民族大道和竹溪大道交会处
| **占 地 规 模：** 97748 m²
| **完 成 时 间：** 2016 年 3 月
| **项 目 业 主：** 南宁市绿化工程管理中心
| **设 计 单 位：** 华蓝设计（集团）有限公司

[特色] 利用立交桥的地势和绿化带，因势利导，对雨水进行收集、处理和回用。

[简介] 竹溪立交桥是南宁市东西主干道与快速环道相交的一个重要枢纽，立交桥绿化面积大，附近有商业中心、会展中心、重要景观水系和公园绿地等。立交桥位于南宁市中心城区重点水系——竹排冲流域内，该工程对于改善竹排冲水质、减少相关面源污染有着重要的作用。

[问题] 改造前，竹溪立交桥桥面雨水立管直排道路，对路面造成一定程度的冲刷，影响了城市道路交通安全，而且立交桥桥面雨水悬浮物、油污含量较高，大量雨水未经处理直接排放至竹排冲，加重了水体污染。

[效果] 治理后，竹溪立交桥范围内增加了"滞、蓄、净、用"等海绵措施，从源头上实现了雨水径流量控制和雨水污染控制，同时兼顾景观和雨水回收利用的功效。

[亮点] 立交桥面雨水通过断接，经生物滞留带、植草沟等海绵措施的自然净化、积存和渗透作用，从源头上缓解内涝形成，控制污染物直排进入水体，有效提升水体环境质量。充分利用桥下空间设置雨水回收利用系统，收集的雨水经处理后用于城市绿地及道路冲洗，实现水资源的有效回收、利用，为今后建设立交海绵系统提供了良好思路。

绿化带

垂直绿化

桥底长势良好的生物滞留带对桥面雨水起到净化作用

立交桥面雨水冲刷下来的油污直接排入水体会造成污染，改造后将桥面雨水断接进入绿地，可以净化桥面的油污

雨水溢流口

生物滞留带

植草沟

净化处理后的雨水设置取水栓，方便市政洒水车取水

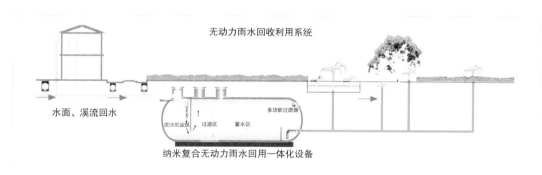

无动力雨水回收利用系统

水面、溪流回水

泥沙沉淀区　过滤区　蓄水区

多功能过滤器

纳米复合无动力雨水回用一体化设备

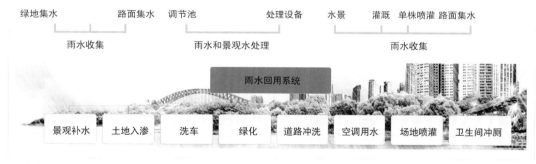

绿地集水　　路面集水　　调节池　　　　处理设备　　水景　　灌溉　单株喷灌　路面集水

雨水收集　　　　　雨水和景观水处理　　　　　雨水收集

雨水回用系统

景观补水　　土地入渗　　洗车　　绿化　　道路冲洗　空调用水　场地喷灌　卫生间冲厕

立交雨水回用系统

中马路

项目地点： 南宁市青秀区中国－东盟国际商务区中马路
占地规模： 6734 m²
完成时间： 2015 年 12 月
项目业主： 南宁市市政工程管理处
设计单位： 华蓝设计（集团）有限公司

[特色] 南宁市首条"小雨不湿鞋，大雨不内涝"的生态型透水铺装道路。

[简介] 中马路为现状道路，位于南宁市中国－东盟国际商务区，道路全长约 772 m，道路红线宽 30 m。道路沿线主要为住宅建筑小区，绿化率较低，道路中段为最低点，曾为积水内涝重灾区。

[问题] 改造前，道路低洼点处因周边地势高差大，道路雨水快速汇集于低洼处无法排除，逢雨必涝；道路沿线绿化率低，黄土裸露，土壤渗透性能差，增大路面雨水径流及水质污染。

[效果] 海绵化改造后，通过铺设透水沥青路面和透水混凝土人行道，结合灰色市政设施对低洼点排水系统进行改造升级，改善中马路的雨水收集排放系统，一举解决了困扰周边居民多年的内涝问题，提升了道路行车的安全。

[亮点] 中马路通过采用下渗减排、滞留转输和雨水收集等海绵措施，结合市政灰色设施对低洼点进行改造，路面大面积使用透水材料，从源头有效进行污染控制，削峰减流，提升了中马路的海绵特质，是城市道路海绵化的典范。

改造前内涝点警示牌

4 cm 厚 OGFC-13 透水沥青混凝土

热沥青粘层

热沥青粘层 / 透水盲管

3 cm 厚 AC-10C 改性沥青混凝土调平层

原沥青混凝土路面

中马路沥青路面构造

道路改造效果

玉洞大道

项 目 地 点：	南宁市良庆区玉洞大道（银海大道—玉象路、平乐大道—良庆大道）
占 地 规 模：	550582.58 m²
完 成 时 间：	2018 年
项 目 业 主：	南宁纵横时代建设投资有限公司
设 计 单 位：	广西交通设计集团有限公司

[特色] 道路海绵化改造，源头径流污染削减。

[简介] 南宁市玉洞大道拓宽工程设计起点起于银海大道，设计终点止于良庆大道，道路设计横坡为中间高、两边低，车行道坡向人行道，人行道坡向后排绿地。道路设置 6 m 宽的绿化中分带，两侧 5.5 m 宽的绿化侧分带，自行车道旁 4 m 宽的绿化带，人行道旁 10 m 宽的后排绿地。

[问题] 原设计未考虑海绵措施，道路初期雨水直接排放，污染周边水体。

[效果] 通过人行道透水铺装、下沉式绿地和植草沟等海绵措施，将路面冲刷雨水滞留净化，减少了雨水外排及径流污染，减轻了水体污染，改善了周边环境。海绵化提升后，年径流总量控制率为 67.8%，年径流污染物削减率为 50.2%，满足控制率要求。

[亮点] 滞、蓄双重作用，减缓雨水排放。利用道路绿化带，将路面雨水滞留、积蓄，延缓雨水排放及减少外排，同时人行道采用透水铺装，减小了路面径流，做到"小雨不湿鞋"。

渗、净结合，形成道路海绵示范。结合道路竖向，通过下沉式绿地、植草沟等海绵措施层级净化作用，雨水得到净化及下渗，实现削锋减排，有效控制雨水径流。

玉洞大道

侧分带下沉式绿地，可接纳路面雨水

侧分带生物滞留池

生物滞留带

生物滞留池内设置溢流雨水口

透水铺装

后排绿地

江北大道街心花园

项目地点： 南宁市青秀区江北大道葫芦鼎大桥底北角
占地规模： 14764 m²
完成时间： 2016 年 7 月
项目业主： 南宁市绿化工程管理中心
设计单位： 南宁市古今园林规划设计院有限公司

[特色] 巧妙利用城市街心花园绿地进行低影响开发改造，接纳路面雨水，兼具城市景观功能，凸显人文情怀。

[简介] 街心花园位于葫芦鼎大桥底北角，紧邻城市主干道，为周边群众休闲散步场所。本项目贯彻低影响开发理念，解决了场地内部及周边的积水问题，并在源头净化消纳初期雨水，配合景观提升设计，打造街心"氧吧"。

[问题] 改造前，绿地内部排水不畅；西侧邻近人行道处雨水冲刷带泥进入人行道，初期雨水直接排入邕江，造成水质污染；北侧人行道侧由于立缘石分割导致积水；绿地内地被苗木缺失，与街心花园的功能及南宁市"绿城"的定位不相匹配。

[效果] 通过植草沟、旱溪、湿塘和透水铺装等的合理设置，彻底解决项目地块积水的顽疾，接纳处理路面雨水，营造美好生态氛围，造就居民休闲场地，提升市民生活的幸福感。

[亮点] 街心花园结合低影响开发设施对绿地花园的构建，断接周边道路雨水，减少初期降雨污染，打造了一座会呼吸的城市中心花园，凸显南宁市"绿城"及"宜居城市"的品牌定位。

街心花园一角

街心花园成为老百姓休闲散步的场所

"海绵型"街心花园景色怡人

街心花园的植草沟断接道路雨水

路沿石开口

旱溪（一）

旱溪（二）

雨水花园

旱溪边设置安全警示牌

旱溪设置溢流口

编后语

在海绵城市的建设实践中，我们不断面临新挑战，深感顶层设计的重要性。打破常规，在创新城市规划方法、决策机制、工作机制、技术体系和投融资模式等方面下功夫，寻找突破口。几年的实践下来，我们积累了一些经验和教训，很早就萌发了总结经验并将其汇编出版的想法，但由于种种原因未能如愿。住房和城乡建设部对海绵城市建设试点城市的考核验收的契机，使得我们汇编本书的愿望成为现实。南宁市住房和城乡建设局副局长吴智欣然同意担任本书编委会主任，并在百忙中审阅全书框架，对本书的顺利出版起到了指导作用。

本书编纂过程中，得到南宁市海绵与水城建设工作领导小组办公室、南宁市住房和城乡建设局、华蓝设计（集团）有限公司、中国城市规划设计研究院、北京市市政工程设计研究总院、南宁市城乡规划设计研究院有限公司、南宁市古今园林规划设计院有限公司、广西交通设计集团有限公司、哈尔滨工业大学、德国汉诺威水有限公司等单位的大力支持。以华蓝设计（集团）有限公司为依托单位的广西海绵城市院士工作站承担了本书的框架策划和汇编的协调、编辑工作。作为广西城乡建设勘察设计领域的领军企业，华蓝设计（集团）有限公司在南宁市海绵城市的建设中发挥了强大的技术支撑作用，尤其是在建立完善具有本地特色的海绵城市技术体系方面，做了系统性开创工作；编委会委员们积极参与了本书的编辑工作；规划师杂志社给予了大力的支持，在此一并表示感谢！

谨将本书献给各条战线关心支持南宁市海绵城市建设的读者，并祈望书中的不足之处得到指正。